全国普通高等中医药院校药学类专业教材

EXPERIMENTAL MANUAL OF MARINE
NATURAL PRODUCTS CHEMISTRY

海洋天然产物化学实验指导

主　编　何　山　丁立建
副主编　陆园园　罗联忠

ZHEJIANG UNIVERSITY PRESS
浙江大学出版社
·杭州·

图书在版编目（CIP）数据

海洋天然产物化学实验指导 / 何山，丁立建主编.
杭州：浙江大学出版社，2025.5. -- ISBN 978-7-308
-25163-1

Ⅰ. P734-33

中国国家版本馆 CIP 数据核字第 2024J6S518 号

海洋天然产物化学实验指导

何　山　丁立建　主　编

策划编辑	徐　霞（xuxia@zju.edu.cn）	
责任编辑	徐　霞	
责任校对	秦　瑕	
封面设计	春天书装	
出版发行	浙江大学出版社	
	（杭州市天目山路 148 号　邮政编码 310007）	
	（网址：http://www.zjupress.com）	
排　版	杭州晨特广告有限公司	
印　刷	杭州钱江彩色印务有限公司	
开　本	185mm×260mm　1/16	
印　张	6	
字　数	131 千	
版 印 次	2025 年 5 月第 1 版　2025 年 5 月第 1 次印刷	
书　号	ISBN 978-7-308-25163-1	
定　价	25.00 元	

编写委员会

前　言

本教材为全国普通高等中医药院校药学类专业教材《海洋天然产物化学》的配套教材。海洋是一座丰富的亟待开发的宝库,近年来,新颖的海洋天然产物不断被发现,创新了药物寻找和开发的思路。海洋天然产物化学是一门实践要求很高的学科,实践教学对于培养海洋天然产物化学工作者具有重要的意义。

本教材在编写过程中,始终立足于满足全国普通高等学校药学类及相关专业的教学需求和为国家培养"实践型""复合型"的海洋天然产物创新人才的现实需求,同时充分吸收和发展海洋天然产物化学领域的新技术、新思路,以提取、分离和鉴定海洋天然产物有效成分为重点,让学生能够亲身体验海洋天然产物化学研究者的工作,在潜移默化中提高和增强学生的实践能力、创新能力和自学能力。

本教材在编写过程中,参考、引用了众多文献资料,并得到参编学校众多专家和同行的支持与鼓励,得到了许多宝贵的意见和建议,在此一并表示衷心的感谢!

本教材适用范围广,不仅适用于全国普通高等院校药学类及相关专业的本科生学生,还适用于研究生及广大医药工作者学习。在本教材编写过程中,编写者虽然投入了巨大的精力,但仍可能有不当之处,希冀广大师生和读者给予批评和指正!

编　者
2025 年 4 月

CONTENTS

实验1　海洋天然产物化学成分预实验

简介

海洋生物体内的化学成分比较复杂，总成分含量少，有效成分含量低。同一种海洋生物中往往含有多种结构类型的化学成分，在分离海洋药用活性化学成分时，一般需要经过生物活性筛选。在着手研究其化学成分时，就要借助预实验，检测其大致含有哪种类型的化学成分，以便于选用合适的分离手段和方法进行下一步化学成分的分离和分析。

实验目的

1. 学习海洋天然产物化学成分的预实验方法及原理。

2. 掌握海洋天然产物预实验的程序及结果的判断。

基本原理

根据药材中所含各类化学成分在不同极性的溶剂中溶解度不同，首先，选用不同极性的溶剂把溶解度相近的成分提取出来，分成极性不同的几个部分，即供试液；其次，利用各类成分的定性反应（包括沉淀反应和显色反应等）及层析法（薄层层析 thin-layer chromatography、纸层析 paper chromatography 等）进行检查；最后，进行分析判断，初步确定有哪几类化学成分。[1-3]

预实验可归纳为两类：一类是单项预实验，即为寻找某类成分而做的有针对性的检查；另一类是系统预实验（系统分析），即在未知情况下对动植物药中可能含有的各类成分进行比较全面系统的定性检查。[1-3]

预实验的原理是根据各部分可能含有的化学成分类型，选择各类成分特有的化学反应，如颜色反应、沉淀反应、荧光试验等做一般定性检查。[1-3]

实验材料、试剂及仪器

一、实验材料

海带多糖、海星、海榄雌果实、海榄雌叶、老鼠簕、白鲜皮乙醇提取液。

1

二、实验试剂

蒸馏水;95％乙醇;70％乙醇;石油醚;Molisch 试剂;醋酐;浓硫酸;碘化铋钾试剂;三氯化铁;镁粉;盐酸。

三、实验仪器

水浴锅,1 套;抽滤装置,1 套;电子天平,1 个;旋转蒸发仪,1 套;50 mL 圆底烧瓶,1 个;50 mL 分液漏斗,1 个;1 mL 移液器,1 个;试管,若干个;滴管,若干个;滤纸,若干个;蒸发皿,若干个;具塞锥形瓶,若干个;漏斗,若干个;1 mL 枪头,若干个。

▭ 操作 ▭

一、预实验溶液的制备

在进行预实验时,首先要对样品进行提取,且使得提取液中尽可能包含多种待测成分。目前常用实验试剂是水和乙醇(或甲醇),可以将大多数常见的天然产物化学成分提取出来供实验用。预实验时,样品溶液的一般制备方法如下。[1-3]

(一)水提取液的制备

取药材粉末 2 g,加 5～10 倍量的蒸馏水,在 70～80 ℃的水浴上加热提取 50 min 后过滤。此滤液即可在试管及滤纸(或薄层板)上进行多糖、有机酸、苷类、酚类、鞣质、氨基酸、蛋白质等项预实验。

(二)乙醇提取液的制备

取药材粉末 2 g,加 5～10 倍量的 95％乙醇,在 70～80 ℃的水浴上加热提取 50 min 后过滤。此滤液即可在试管及滤纸(或薄层板)上进行黄酮类、酚类、蒽醌、苷类、有机酸、香豆素、生物碱、萜类、甾体化合物等项预实验。

若被试药材为树叶,其中含很多叶绿素,则应尽量先将叶绿素除去,才不致妨碍预实验结果的判断。其方法是将 95％乙醇提取液稀释成含醇量约 70％浓度的溶液,倒入50 mL 分液漏斗中,再加等体积的石油醚振摇,使叶绿素转移到上层石油醚溶液中;分出下层 70％乙醇提取液,减压抽干呈糖浆状,再做上述预实验。

二、实验用药材

(一)常用药材的主要化学成分[4-7]

①海星:甾体、皂苷;②海榄雌果实:酚类、生物碱;③海榄雌叶:黄酮类;④海带:多糖。

(二)药材简介

1. 海星(starfish)属于棘皮动物门(Echinodermata)、海星纲(Asteroidea)。海星是传统的民间中药材,其味咸,性平,具有厚肠止泻、镇惊安神、和胃止痛等作用。海星体内含有比较丰富的蛋白质、多糖、甾体、皂苷、生物碱等多种化学成分。[4]

2. 海榄雌(*Avicennia marina*(Forssk)Vierh),又名白骨壤,为马鞭草科海榄雌属植物,是红树植物的一种,嫩叶捣烂后外敷能止血消炎、治疗脓肿,树皮能治疗皮肤瘙痒,果实可以治疗痢疾。海榄雌果实可作为粮食、菜肴食用,还可作为酿酒原料,民间用其配以排骨可治疗高血压。其主要化学成分有酚苷、萜类、黄酮、多糖、生物碱等。[5]

3. 老鼠簕(*Acanthus ilicifolius* L.)是爵床科老鼠簕属药用红树植物,一般生长在高盐碱度热带海滨泥滩、淤泥较厚的海湾或河口高潮线以下的盐渍土壤,全株或根入药,具有清热解毒、消肿散结、止咳平喘之功效。老鼠簕植物中含有多糖、生物碱、黄酮、萜类和甾体、饱和直链和支链烃、脂肪酸酯类等化合物。[6]

三、样品制备

1. 海星乙醇提取液:称取 2 g 海星粉末,2 份,分别加 5～10 倍量的 70% 乙醇、95% 乙醇,在 70～80 ℃的水浴上加热提取 50 min 后过滤,进行泡沫试验、醋酐-浓硫酸试验。

2. 海榄雌果实乙醇提取液:称取 2 g 海榄雌果实粉末,加 5～10 倍量的 95% 乙醇,在 70～80 ℃的水浴上加热提取 50 min 后过滤,进行碘化铋钾试剂反应、三氯化铁反应、盐酸-镁粉反应。

3. 海榄雌叶乙醇提取液:提取方法同上,进行盐酸-镁粉试验。

4. 取海带多糖少许,溶于水中,进行 α-萘酚试验。

5. 自选药材(海榄雌叶或老鼠簕根)制备提取液:称取 2 g 药材,自行设计、安排合理的提取方法,根据药材可能含有的成分自行选择鉴别方法。

四、显色及鉴别反应[1-3]

(一)糖类和苷类成分检识

α-萘酚反应(Molisch 反应):取海带多糖热水提取液 1 mL,加入 10% α-萘酚乙醇液 2～3 滴,摇匀,沿试管壁缓缓加入浓硫酸(0.5～1 mL,勿振摇),若在两液层的交界处产生紫色或紫红色环,即表示可能含有糖类或苷类成分。

(二)甾体、三萜类及皂苷类成分检识

1. 泡沫试验:取海星热水提取液 1～2 mL 置于试管中,密塞,激烈振摇 2 min,若产生大量持续性泡沫,且放置 10 min 以上,或加热或加入乙醇后泡沫均无明显减少,即表示可能含有皂苷类成分。

2. 醋酐-浓硫酸试验(Liebermann-Burchard 反应):取海星乙醇提取液,蒸干乙醇,

向残渣中加入 0.5 mL 醋酐使其溶解,再转入试管中,滴加 1 滴浓硫酸,溶液界面初呈红色,试管内溶液逐渐呈现红、紫、蓝绿、污绿等颜色,即表明可能含有甾体、三萜类或皂苷类成分。其中,甾体化合物颜色变化较快,而三萜类化合物颜色变化较慢。

(三)生物碱类成分检识

碘化铋钾试剂(Dragendorff 试剂)反应:取海榄雌果实乙醇提取液过滤物 0.5 mL,加入碘化铋钾试剂 1~2 滴,若有橘红色沉淀产生,即表示可能含有生物碱类成分。

(四)酚类成分检识

三氯化铁反应:用玻璃棒蘸取海榄雌果实乙醇提取液过滤物,点在 pH 试纸上,与比色卡比较,读出 pH 值,样品溶液若为酸性,即可直接进行检查;若为碱性,可加醋酸酸化后再滴加 1 滴三氯化铁试剂。若反应液呈蓝、墨绿或蓝紫色,则说明可能含有酚类成分。注:酚类化合物在滤纸片上单独用三氯化铁显色灵敏度较差,可采用其他试剂。

(五)黄酮类成分检识

盐酸-镁粉反应:取海榄雌果实或海榄雌叶乙醇提取液 1 mL,加入镁粉少许,再加入浓盐酸 2~3 滴(必要时水浴加热),若反应液或产生的泡沫呈橙红色或紫红色,即表示可能含有黄酮类化合物。

实验说明和注意事项

1. 系统预实验结束以后,首先对反应结果明显的成分进行分析判断,作出初步结论。若某些反应的结果不十分明显,应先处理供试液,再进行检识或再选择一些试剂进行检识。[1-3]

2. 判断分析各反应结果时,应进行综合考虑。例如,酚类的检识为阳性反应时,应当考虑到简单酚类化合物、鞣质以及黄酮、蒽醌、香豆素等含酚羟基化合物都有可能呈现阳性反应。此时应配合进行这些化合物的检识反应,方能作出合理的判断。[1-3]

3. 海洋药物中的成分十分复杂,虽然经过水、乙醇、乙酸乙酯、石油醚等溶剂的系统分离,但各溶剂中仍混有多种化合物,进行检识反应时,成分间的相互干扰仍然存在。另外,由于检识反应本身的限制(如反应的灵敏度不高、专属性不强等),通过系统预实验,一般只能检测样品中可能含有哪几类化学成分,而不能确定是何种单一的成分。[1-3]

4. 需要说明的是,预实验仅是初步分析,由于很多定性试剂并不是完全专一地仅与某种成分反应,加上所含成分较复杂,可能互相干扰,根据预实验的结果立即肯定或否定某种成分的存在与否并不科学。例如,由于植物内有些成分的含量很低,运用一般的预实验方法可能不易发现,同时,可能存在难以预料的新型成分,目前的预实验方法不一定能做到全部预检。因此要完全肯定或否定某类化学成分的存在,往往需要通过进一步的研究工作。[1-3]

参考文献

[1] 董琳，赖伟勇，苏文琴，等. 具有南海海洋资源特色的海洋药物化学成分预实验设计探索[J]. 广东化工，2021，48(1)：211-212.

[2] 张俊清，钟霞，张鹏威. 药学综合及设计性实验教程[M]. 北京：科学出版社，2016.

[3] 裴月湖. 天然药物化学实验[M]. 北京：人民卫生出版社，2005.

[4] 陈宁，王雪，刘冰，等. 海星化学成分的研究进展[J]. 中国海洋药物，2019，38(2)：39-53.

[5] 张萌，周江煜，韦玮，等. 海洋中药白骨壤化学成分及药理作用研究进展[J]. 中成药，2018，40(11)：2504-2512.

[6] 杨力龙，梁芳，张小军，等. 红树植物老鼠簕的研究进展[J]. 宁夏农林科技，2014，55(5)：37-38.

[7] 黄晓林，郑优，单琰婷，等. 海带化学成分和药理活性研究进展[J]. 浙江农业科学，2015，56(2)：246-250.

实验 2　海参皂苷的提取、分离和鉴定

简介

海参是棘皮动物门、海参纲动物的通称,为重要的海洋无脊椎动物,分布于世界各海洋中。海参体内含有蛋白质、脂肪、维生素、多种微量元素、胶质、海参皂苷、酸性黏多糖等成分,但不含胆固醇。[1]海参素即海参皂苷(图 2-1),具有广泛的生物活性,如抗肿瘤、抗菌、抗病毒、抗炎以及神经系统或心血管系统的活性等,具有很高的研究价值。[2]

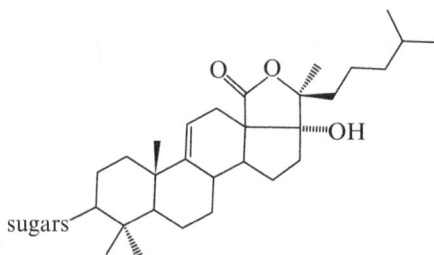

图 2-1　海参皂苷

实验目的

1. 掌握海参皂苷的提取及分离纯化的方法。
2. 熟练掌握薄层层析和柱层析的方法。
3. 了解初步鉴定皂苷类化合物的定性方法。
4. 了解皂苷类化合物具有溶血作用的特性。

基本原理

皂苷大多为无定形粉质,能溶于水、甲醇以及稀乙醇,特别是热水和热醇,不溶于苯、氯仿、乙醚及丙酮。利用热醇较长时间回流、甲醇反复溶解及正丁醇萃取的方法,可以得到海参皂苷的粗品。采用硅胶柱进行柱层析法,利用氯仿-甲醇-水溶剂系统,可以将海参皂苷粗品进一步分离纯化,得到海参皂苷 I 、IV、V、VI。[3,4]

皂苷与浓硫酸-乙醇试剂显色的原理:皂苷在浓硫酸的作用下,分子内发生脱水、脱羧、氧化、缩合、双键移位及形成多烯正碳离子等一系列变化,因而产生颜色并发生颜色变化。皂苷遇浓硫酸有明显的颜色反应及变化,这个性质可以作为皂苷鉴定的一种

方法[5,6]。

　　此外,皂苷可以破坏红细胞,析出血色素,具有溶血作用,这也是大多数皂苷类药物不能直接静脉注射、只能口服的主要原因[7,8]。

实验材料、试剂及仪器

一、实验材料

　　新鲜去净泥沙的海参及内脏,40 g;100～200 目柱层析硅胶,30 g;新鲜动物血,1 mL。

二、实验试剂及配制

　　新鲜动物血,1 mL;无水乙醇(分析纯);甲醇(分析纯);石油醚(分析纯);正丁醇(分析纯);无水硫酸钠(分析纯);醋酐-浓硫酸试液;氯仿;5%磷钼酸乙醇溶液;浓硫酸;10% α-萘酚溶液;5%氯化钡溶液。

　　1. 10% α-萘酚溶液的配制:在 100 mL 无水乙醇中加入 10 g α-萘酚并充分搅拌溶解,静置备用。

　　2. 5%磷钼酸乙醇溶液的配制:在 100 mL 无水乙醇中加入 5 g 磷钼酸并充分搅拌溶解,静置备用。

　　3. 醋酐-浓硫酸试液:在 9 mL 醋酐中缓慢加入 1 mL 浓硫酸,注意控制加入速度,防止过热。

三、实验仪器

　　电子天平,1 台;高速捣碎机,1 台;回流装置(500 mL 容量),1 套;旋转蒸发仪,1 套;500 mL 烧杯,若干个;漏斗;500 mL 分液漏斗,若干个;2.5 mm × 60 mm 砂芯层析柱,若干个;5 mL 试管,若干个;50 mL 锥形瓶,若干个;薄层层析硅胶板,若干个;25 mL 塑料离心管,若干个。

操作

一、提取

　　1. 称取去净泥沙的海参及内脏 40 g,经剪碎后,用高速捣碎机捣碎(10000 r/min,3 min)。

　　2. 得到的浆状物以 70%～80%乙醇(200 mL)加热回流提取 1 h,用旋转蒸发仪减压回收乙醇至浸膏状(棕红色)。

　　3. 用甲醇反复多次溶解浸膏,除去不溶物,每次的甲醇组分再经减压回收甲醇并积累浸膏,最后用水溶解,滤去不溶物。

4. 水溶液用石油醚提取 3 次,脱脂后的水溶液用正丁醇提取若干次,合并正丁醇层,用无水硫酸钠干燥,过滤除去硫酸钠,减压回收正丁醇至干,得淡黄色粉末,为海参总皂苷。

二、分离纯化

1. 首先利用薄层层析,选择合适的溶剂系统作为分离洗脱剂。

2. 取少量样品溶于 80% 乙醇,选用不同比例的氯仿-甲醇-水溶剂系统,将样品在硅胶薄层层析板上展开,以氯仿-甲醇-水(6∶1∶0,$V/V/V$)作为薄层层析展开溶剂。

3. 用硅胶柱层析对海参总皂苷进行分离。硅胶粒度为 100~200 目,用氯仿作为洗脱剂充分浸泡后,利用超声波脱气。湿法装柱,硅胶与样品的比例为 30∶1(m/m),以氯仿为初始洗脱剂,平衡 1~2 h。

4. 溶解样品,加入适量 100 目硅胶(样品-硅胶=1∶1,m/m)研磨至干粉末状。干法上样,选用不同比例的氯仿-甲醇-水(8∶1∶0,300 mL;6∶1∶0,300 mL;4∶1∶0,300 mL;1∶1∶0.1,300 mL;$V/V/V$)作为洗脱剂,每 50 mL 收集 1 份。

5. 用硅胶薄层色谱检查收集液(展开剂为氯仿-甲醇=2∶1,V/V;显色剂为 5% 磷钼酸乙醇溶液),合并相同斑点者。回收溶剂,得到海参皂苷 I、IV、V、VI。

三、定性测定

1. 泡沫试验:取水溶性海参总皂苷冻干品 1 mg,置于含有 2 mL 去离子水的 25 mL 塑料离心管中,密闭振荡 1 min 后,观察并记录持久性泡沫的产生情况。

2. 沉淀反应:向含有 2 mL 海参皂苷溶液的 25 mL 塑料离心管中加入 2 mL 5% 氯化钡溶液,振荡,观察并记录有无白色沉淀出现。

3. Molisch 反应:向含有 2 mL 海参皂苷溶液的 25 mL 塑料离心管中加入 2~3 滴 10% α-萘酚溶液,充分摇匀后,沿离心管壁加入 1 mL 浓硫酸,观察并记录两液层交界面处紫色环的出现情况。

4. Libermann-Burchard 反应:称取海参总皂苷冻干品 5 mg 置于 25 mL 塑料离心管中,加 3 mL 醋酐充分溶解后,滴 1 滴浓硫酸,充分振摇,观察溶液中是否出现紫色或红色现象。

四、溶血作用的检识

取 1 mL 新鲜动物血,放入 5 mL 试管中,加入微量海参皂苷后振荡混匀,管内液体变红而透明者,称为完全溶血;管内液体混浊,上层带红色者,称不完全溶血;管内液体分为两层,上层浅黄色透明,下层红色不透明者,称为不溶血。

思考题

1. 写出利用薄层层析技术选择柱层析的流动相时应该注意的问题。
2. 查阅文献,列举出海参皂苷的药理活性。
3. 比较柱层析中湿法装柱和干法装柱的优缺点。

参考文献

［1］樊绘曾. 海参：海中人参——关于海参及其成分保健医疗功能的研究与开发［J］. 中国海洋药物,2001,20(4)：37-44.

［2］韩玉谦,冯晓梅,管华诗. 海参皂苷的研究进展［J］. 天然产物研究与开发,2005,17(5)：669-672.

［3］刘文杰,周培根. 多棘海盘车皂苷抗菌活性研究［J］. 天然产物研究与开发,2005,17(3)：283-286.

［4］沈鸣. 海参的化学成分和药理研究进展［J］. 中成药,2001,23(10)：758-762.

［5］黄建设,龙丽娟,张偲. 海洋天然产物及其生理活性的研究进展［J］. 海洋通报,2001,20(4)：83-91.

［6］上海药物研究所. 中草药有效成分的提取和分离［M］.上海：上海人民出版社,1972：308-315.

［7］徐任生. 天然产物化学［M］. 北京：科学出版社,1997：114-115.

［8］邹峥嵘,易杨华,张淑瑜,等. 海参皂苷研究进展［J］.中国海洋药物,2004,23(1)：46-53.

实验 3 海洋鱼油的提取和鉴定

简介

鱼油是鱼体内的全部油类物质的总称,包括体油、肝油和脑油等。1971 年,丹麦学者发现,住在北极圈内的因纽特人(也称爱斯基摩人)因为长年食用海鱼,所以很少患冠心病和糖尿病。鱼油不同于其他动物脂肪,一般动物脂肪为饱和脂肪酸,而鱼油属于不饱和脂肪酸。

海洋鱼油中富含不饱和脂肪酸,典型代表是 ω-3 型不饱和脂肪酸中的二十碳五烯酸(EPA)和二十二碳六烯酸(DHA)。现代医学证明,EPA 和 DHA 具有降低血脂和胆固醇、预防动脉硬化、预防阿尔茨海默病及促进大脑神经和视网膜发育等重要生理功能。因此,用简单高效的方法提取海洋鱼油(不饱和脂肪酸)具有重要的实用意义。[1, 2]

生产鱼油的方法有压榨法、淡碱水解法、溶剂法、水法和酶解法等。酶解法是利用蛋白酶对蛋白质的水解作用,破坏蛋白质和脂肪的结合关系,从而释放出油脂。该方法作用条件温和,产油质量高,同时可以充分利用蛋白酶水解产生的酶解液,因而是提取海洋鱼油的较好方法。[3]

不饱和脂肪酸是鱼油的主要有效成分,碘值是反映鱼油中脂肪酸的不饱和程度的一项重要指标。碘值直接反映油脂中脂肪酸的不饱和状况,碘值越高,表明所含不饱和键数目越多。过氧化值表示油脂自动氧化初期形成的氢过氧化物的数量,其值越高,表明脂肪酸进行氧化的程度越强。[4, 5]

实验目的

1. 掌握酶解提取海洋鱼油的方法。
2. 掌握鱼油过氧化值的测定方法。
3. 掌握鱼油碘值的测定方法。

基本原理

一、碘值的测定原理

脂肪中的不饱和脂肪酸碳链上有不饱和键,可以和卤素(Cl_2、Br_2 或 I_2 等)发生化学反应。不饱和键数目越多,所吸收的卤素量也越多。每 100 g 脂肪,在一定条件下,所吸收的碘的克数,设为该脂肪的碘值,即碘值越高,不饱和脂肪酸的含量越高。

反应过程如下。

1. 加成作用:

$$RCH_2—CH=CH—(CH_2)_n—COOH+IBr \longrightarrow RCH_2ICH—CHBr—(CH_2)_n—COOH$$

2. 剩余溴化碘中碘的释放:

$$IBr+KI \longrightarrow I_2+KBr$$

$$I_2+2Na_2S_2O_3 \longrightarrow 2NaI+Na_2S_4O_6$$

3. 碘值的计算[2]:

$$碘值\,(g/100\ g) = \frac{(V_{空白}-V) \times c \times 0.1269 \times 100}{W}$$

式中:V——样品消耗 $Na_2S_2O_3$ 标准溶液的体积,mL;

$V_{空白}$——空白样品消耗 $Na_2S_2O_3$ 标准溶液的体积,mL;

c——$Na_2S_2O_3$ 标准溶液的浓度,mol/L;

0.1269——1 mol $Na_2S_2O_3$ 相当于碘的克数;

W——样品质量,g。

二、过氧化值(POV)的测定

过氧化值(peroxide value,POV)是衡量油脂或脂肪中过氧化物含量的指标,常用于评估油脂的氧化程度。过氧化物是油脂氧化的初级产物,其含量越高,表明油脂的氧化程度越严重。

过氧化值的计算公式如下:

$$POV\,(g/100\ g) = \frac{(V-V_{空白}) \times c \times 0.1269}{W} \times 100\%$$

式中:V——样品消耗 $Na_2S_2O_3$ 标准溶液的体积,mL;

$V_{空白}$——空白样品消耗 $Na_2S_2O_3$ 标准溶液的体积,mL;

c——$Na_2S_2O_3$ 标准溶液的浓度,mol/L;

0.1269——1 mol $Na_2S_2O_3$ 相当于碘的克数;

W——样品质量,g。

实验材料、试剂及仪器

一、实验材料

海鱼鱼肉,20 g;鱼油;胰蛋白酶,0.3 g。

二、实验试剂及配制

蒸馏水;盐酸溶液;氢氧化钠溶液;0.002 mol/L 硫代硫酸钠标准溶液;1%淀粉指示

剂(氯化钠溶液);饱和碘化钾溶液;10% KI 溶液;三氯甲烷;冰醋酸溶液;汉诺斯 (Hanus)溶液;0.1 mol/L 硫代硫酸钠标准溶液。

1. 汉诺斯(Hanus)溶液的配制:取 12.2 g 碘,放入 1500 mL 锥形瓶内,徐徐加入 1000 mL 冰醋酸(99.5%),边加边摇,同时略加温热,使碘溶解。冷却后,加溴约 3 mL。

2. 0.1 mol/L 硫代硫酸钠标准溶液的配制:将 50 g 结晶硫代硫酸钠溶在经煮沸后 冷却的蒸馏水中(无 CO_2 存在),添加 7.6 g 硼砂或 1.6 g 氢氧化钠(硫代硫酸钠溶液在 pH 9~10 时最稳定),稀释到 2000 mL。

三、实验仪器

电子天平,1 台;高速粉碎机,1 台;电恒温水浴锅,1 套;100 mL 具塞锥形瓶,2 只; 50 mL 具塞锥形瓶,1 只;pH 试纸,若干;高速离心机,1 台;10 mL 称量瓶,3 只;50 mL 碘量瓶,1 只;10 mL 量筒,1 只;20 mL 量筒,1 只;50 mL 滴定管,2 只;200 mL 锥形瓶, 1 只。

操作

一、海洋鱼油的提取

1. 称取海洋鱼肉 10 g,用高速粉碎机粉碎。加入蒸馏水 50 mL,置于 100 mL 具塞 锥形瓶中,用盐酸或氢氧化钠溶液调 pH 值为 8。

2. 加入胰蛋白酶 0.3 g,密封,摇匀。在 45 ℃条件下酶解 2 h(在酶解过程中,每隔 一段时间摇一次)。

3. 酶解完成后,倒出上层酶解液,用适量蒸馏水冲洗锥形瓶底部的残渣 3 次,冲洗 液并入酶解液,弃去残渣。酶解液在 4500 r/min 条件下离心 15 min,取上清液在 12000 r/min条件下离心 5 min,分离出的上层液即为粗鱼油。

$$鱼油提取率＝鱼油质量/原料质量×100\%$$

二、过氧化值(POV)的测定

1. 取 0.1 g 鱼油置于 200 mL 锥形瓶中,加入 35 mL 三氯甲烷-冰醋酸(2:1,V/V), 使试样完全溶解。

2. 加 1.0 mL 饱和碘化钾溶液,轻轻振摇 0.5 min,在暗处放置 5 min。

3. 取出加入 75 mL 蒸馏水摇匀,加入 1.0 mL 1%淀粉指示剂,以 0.002 mol/L 硫代 硫酸钠标准溶液滴定至蓝色消失为终点。

4. 取相同量的三氯甲烷-冰醋酸溶液、饱和碘化钾溶液、1%淀粉指示剂及蒸馏水, 按同一方法,做试剂空白试验。

三、碘值的测定

1. 取鱼油 50 mg 置于 50 mL 碘量瓶中，加入 3 mL 三氯甲烷，使脂肪完全溶解。

2. 加入 5 mL 汉诺斯溶液，盖好瓶塞，滴 10% KI 溶液数滴于玻璃塞周围，在暗处放置 30 min，并随时摇动。

3. 取出碘量瓶，小心移去瓶塞，用 2～3 mL 蒸馏水清洗使瓶塞旁的碘化钾溶液流入瓶内，切勿丢失。

4. 沿瓶壁加入 3 mL 10% KI 溶液和 20 mL 蒸馏水，立即用 0.1 mol/L $Na_2S_2O_3$ 标准溶液进行滴定。注意要随时进行振摇，滴定到溶液呈浅黄色时加入 1% 淀粉指示剂数滴，继续滴定到蓝色消失为止。将近终点时，用力振荡，使碘由三氯甲烷层中全部进入水层。记录消耗的 $Na_2S_2O_3$ 标准溶液的体积。

5. 采用同样方法，做空白试验进行对照。

四、注意事项

1. 卤素加成反应是可逆反应，只有在卤素绝对过量时，该反应才能进行完全，所以，鱼油吸收的碘量不应超过汉诺斯溶液所含碘量的一半。若瓶内混合液的颜色很浅，表示鱼油用量过多，应再称取较少量的鱼油，重做实验。

2. 滴定时要用力振荡，如果振荡不够，三氯甲烷层呈现紫色或红色，此时需继续用力振荡使碘全部进入水层。

───── **思考题** ─────

1. 查阅文献，试写出利用其他方法提取鱼油的技术路线。
2. 简述测定鱼油碘值以及过氧化值的意义。

───── **参考文献** ─────

[1] 洪鹏志，刘书成，章超桦，等. 酶解法提取鱼油的工艺参数优化[J]. 湛江海洋大学学报，2006，26(3)：56-60.

[2] 刘澄凡，王学彤，白吉洪，等. 碘离子选择性电极间接电位法测定鱼油的碘值[J]. 中国海洋药物，1995，14(1)：31-35.

[3] 张天民，郭学平，荣晓花. 鱼油多不饱和脂肪酸的制备方法[J]. 中国海洋药物，2005，24(1)：43-45.

[4] 徐水祥，周淡宜，徐飞鹤，等. 甲鱼油中多不饱和脂肪酸的提取与纯化研究[J]. 食品科学，2004，25(11)：117-119.

[5] 陈英乡. 水法提取鱼油的生产工艺研究[J]. 食品科学，1996，17(3)：15-18.

实验 4　海星总皂苷的提取、分离和鉴定

简介

海洋生物皂苷主要来源于棘皮动物门，特别是海参纲和海星纲。海星（Starfish），属棘皮动物门（Eehiondermata）、海星纲（Asteridea），是棘皮动物中结构生理最具有代表性的一类。[1] 作为传统中药，海星具有解毒散结、和胃止痛之功效，常用于甲状腺肿大、瘰疬、胃痛泛酸、腹泻、中耳炎等症治疗。其体扁平，多为五辐射对称，体盘和腕的分界不明显。海星总皂苷具有重要的生理、药理活性，对其进行深入研究将有助于海洋皂苷类新药开发。[1]

由于海星总皂苷的相对分子质量大，水溶性较强，而且结构相似，因此多种海星总皂苷常混合存在，海星总皂苷单体分离难度较大、成本较高，限制了关于其活性机理的深入研究。当前获得海星总皂苷单体主要需经过提取、分离纯化和鉴定三个环节。根据多羟基甾体皂苷的结构特点可把它们分为四类：①3β-OH，6α 糖基化皂苷；②3β-硫酸基，侧链糖基化皂苷；③3β-OH 侧链糖基化皂苷；④3β-糖基化甾体皂苷。[2]

实验目的

1. 掌握海星总皂苷的提取方法。
2. 掌握海星总皂苷的定性分析方法。
3. 熟悉利用薄层层析鉴定皂苷类化合物的方法。

基本原理

海星总皂苷主要为甾体皂苷，甾体皂苷是一类螺甾烷类化合物衍生的寡聚糖。皂苷是一类极性较强的化合物，不容易结晶，易溶于水和醇，难溶于有机溶剂，所以利用水抽提法，用水饱和的仲丁醇萃取，即得到总皂苷。[3] 利用大孔树脂对水溶性海星总皂苷进行纯化，再以市售皂苷标准品对水溶性海星总皂苷进行一系列的定性分析，如泡沫试验、显色反应、溶血试验和紫外光谱分析，通过实验研究海星总皂苷的分布及最佳提取方法，并对产物进行定性分析。其技术路线如图 4-1 所示。

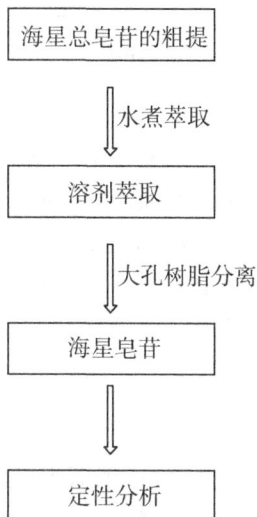

图 4-1 技术路线

实验材料、试剂及仪器

一、实验材料

海星;大孔树脂(NKA-9);市售皂苷。

二、实验试剂

蒸馏水;石油醚;仲丁醇;丙酮;乙醇;10% α-萘酚乙醇溶液;浓硫酸;冰醋酸;醋酐-浓硫酸(20:1,V/V);BaCl$_2$的70%甲醇溶液;pH 7.4的磷酸盐缓冲溶液;2%血液悬浮液;氯仿;甲醇;异戊醇;10%磷钼酸乙醇溶液;生理盐水;血液(用抗凝采血管保存备用)。

三、实验仪器

离心机,1台;显微镜,1台;旋转蒸发仪,1套;紫外分析仪,1台;1000 mL 烧杯,若干;250 mL 分液漏斗,若干;加热器,1台;50 mL 离心管,若干;试管,若干;滤纸,若干;圆底烧瓶,若干;薄层板,若干;磨口锥形瓶,若干;胶头滴管,若干;载玻片,若干;盖玻片,若干;毛细管,若干。

操作

一、海星总皂苷的粗提

(一)海星的水煮萃取

称取海星 150 g,剪成小块,置于 1000 mL 烧杯中,加 500 mL 蒸馏水,沸水煮 30 min 后,纱布过滤收集滤液。重复一次,加蒸馏水至没过海星即可,再煮 15 min。合并两次滤液,滤液置于 1000 mL 烧杯中,蒸发浓缩至 10 mL 左右。

(二)海星总皂苷的溶剂萃取

将浓缩液移至 250 mL 分液漏斗中,加入 50 mL 石油醚,振摇,静置分层,上层为淡黄色透明液,下层为橙黄色乳浊液。放出下层乳浊液,再加入 20 mL 石油醚重复上述操作 3 次。脱脂后的下层提取液用适量仲丁醇萃取 4 次,收集所有仲丁醇层(上层),置于圆底烧瓶中,旋转蒸发至 10 mL 左右。在浓缩液中加入 100 mL 丙酮,析出淡黄色絮状沉淀,移至 50 mL 离心管,配平,转速 8000 r/min,离心分离 5 min,收集上清液,置于圆底烧瓶中蒸发浓缩至 10 mL 左右。

(三)海星总皂苷的薄层层析鉴定

取少量样品浓缩液和对照品(市售皂苷)用蒸馏水溶解后再点板,薄层板大小为 5 cm× 3 cm 左右,将样品溶液用管口平整的毛细管滴加于离薄层板一端约 1 cm 处的起点线上,对照品溶液也一起点上,晾干或吹干后将薄层板置于盛有展开剂的展开槽内,浸入深度为 0.5 cm 左右,样品点的高度一定要高于展开槽中展开剂的液面高度,待展开剂前沿离顶端约 0.5 cm 时,将薄层板取出,干燥后喷以显色剂,观察条带结果。展开剂:氯仿-异戊醇-甲醇-水(15∶40∶22∶10,$V/V/V/V$);显色剂:10%磷钼酸乙醇溶液。

二、海星总皂苷的分离方法

(一)海星总皂苷的大孔树脂 (NKA-9)分离

用胶头滴管吸取浓缩液沿壁滴加于大孔树脂柱,上样 10 min 后,分别用 100%蒸馏水、水-甲醇(50∶50,V/V)、100%甲醇洗脱,用洁净磨口锥形瓶接取流出液,旋干。

上样前大孔树脂的处理:①纯甲醇浸泡:将大孔树脂置于大烧杯中,倒入甲醇,使甲醇完全浸没树脂,并不断搅拌,以除去气泡,使之充分混合,静置 24 h。②水洗:将泡好的树脂装入色谱柱中,用甲醇冲洗树脂,洗至流出物中无白色浑浊物为止,后用蒸馏水冲洗树脂至无醇味为止。

(二)经大孔树脂分离后海星总皂苷的薄层层析鉴定

取少量样品浓缩液(用蒸馏水溶解)和对照品(市售皂苷,用蒸馏水溶解)点板,观察条带结果。展开剂:氯仿-异戊醇-甲醇-水(15∶40∶22∶10,$V/V/V/V$);显色剂:10%磷钼酸溶液。

由图 4-2 可知海星总皂苷是混合物,在 TLC 板上呈现多个斑点。其中两个斑点较浓,表明是海星总皂苷中的主要成分。

三、海星总皂苷的定性分析

(一)海星总皂苷的泡沫试验

大多数皂苷水溶液振摇后可产生持久性的泡沫,故称为皂苷。这是由于皂苷具有表面

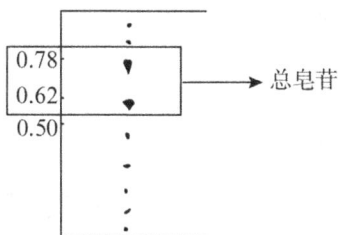

图 4-2　海星总皂苷的 TLC 图示例

活性,利用此特性可以鉴别皂苷。取少量海星总皂苷样品置于试管中,加水 10 mL,在试管中强烈振摇,观察现象。

(二)海星总皂苷的显色反应

1. α-萘酚试验:取少量海星总皂苷样品置于试管中,溶于 1 mL 乙醇中,加入 1 mL 10% α-萘酚乙醇溶液,摇匀,沿管壁滴加浓硫酸,观察两液界面间是否出现紫红色环(此试验常用于检识糖类、苷类化合物,反应较灵敏)。

2. 醋酐-浓硫酸试验:取少量海星总皂苷样品置于试管中,加入适量冰醋酸溶解,加适量醋酐-浓硫酸(20∶1),观察样品颜色最终是否呈现为蓝绿色。

3. 硫酸基鉴定试验:取少量海星总皂苷样品置于试管中,加入蒸馏水溶解(浓度约为 1 mg/mL),并将其滴于滤纸上,喷洒 $BaCl_2$ 的 70% 甲醇溶液(浓度为 2 mg/mL),干燥后观察现象。再于紫外荧光灯下照射,如果滤纸上显现黄色斑点,紫外荧光灯下显现明显荧光,则可判断海星总皂苷中含有硫酸基。

(三)海星总皂苷的溶血试验

取洁净小试管 7 支,每支中加入 3 mL 血液,并加生理盐水稀释至 10 mL。如表 4-1 所示,6 支试管中分别加入海星总皂苷样品和对照品(市售皂苷)各 0.1 g,并分别依次加入 1、2、3、4、5、5 mL 生理盐水。加完后轻摇,避免产生过多泡沫。

表 4-1　海星总皂苷的溶血试验分组

编号	1#	2#	3#	4#	5#	6#(对照品)
样品/g	0.1	0.1	0.1	0.1	0.1	0.1
生理盐水/mL	1	2	3	4	5	5

取洁净干燥的 6 个载玻片和 6 个盖玻片,做好标记。每个载玻片上滴加一滴稀释过的血液,然后依次向 1#~6# 试管中滴加一滴样品或对照品,轻搅使其混匀,在显微镜下进行观察,若结果出现黄色斑点,则可判断为出现溶血现象。

(四)海星总皂苷的紫外光谱分析

取适量海星总皂苷样品置于试管中,溶于 10 mL 仲丁醇中。另取 10 mL 仲丁醇置于试管中,两根试管作对比,用紫外-可见分光光度计测定样品溶液的紫外光谱图。注意:使用紫外-可见分光光度计在 210 nm 处测定其紫外吸收值,需使用石英比色皿。

思考题

1. 海星总皂苷溶血试验的机理是什么?

2. 除上述实验所提及的大孔树脂,分离海星总皂苷还有无其他方法? 若有,该方法的原理和特点又是什么?

参考文献

[1] 刘光椿,原丽红.海星皂苷生物活性与制备研究进展[J].中国海洋药物,2022,41(4):80-88.

[2] 樊廷俊,张铮,袁文鹏,等.水溶性海星皂苷的分离纯化及其抗真菌活性研究[J].山东大学学报(理学版),2008,43(9):1-5.

[3] 康俊霞,韩华,康永锋.海星中具有生物活性总皂苷的分离纯化[J].中国海洋药物,2012,31(5):32-36.

实验 5　牡蛎牛磺酸的提取、分离和鉴定

简介

　　牛磺酸($C_2H_7NO_3S$)是人体最重要的氨基酸之一,在自然界中大量存在于动物的机体中,除牛的胆汁外,还广泛存在于墨鱼、章鱼、贝壳类(如牡蛎、蛤蜊、扇贝)等海洋动物的组织中[1],其化学结构式如图 5-1 所示。牛磺酸是白色或类白色结晶或结晶性粉末,无臭,在水中溶解,在乙醇、乙醚或丙酮中不溶。[2]牛磺酸对促进大脑发育,调节神经传导,维持正常的心脏、肝脏、内分泌、视网膜系统的功能具有独特的生理及药理作用。牛磺酸的生理活性主要包括:①促进婴幼儿脑组织和智力发育;②提高神经传导和视觉机能;③防治心血管疾病;④改善内分泌状态,增强人体免疫力;⑤其他生物活性,如抗氧化、改善肠道菌群、抗疲劳、醒酒等。目前,国内外牛磺酸的生产多采用化学合成法。总的来说,化学合成法具有原料毒性大、工艺操作复杂、生产设备投资高、回收困难、环境污染等问题。

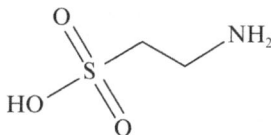

图 5-1　牛磺酸的化学结构式

　　本实验通过离子交换法提取牛磺酸,是一种从水产品中提取天然牛磺酸的简便、高效的方法。由于无化学试剂的污染,通过离子交换法制得的牛磺酸是理想的食品添加剂和医药原料。

实验目的

1. 掌握牡蛎牛磺酸的提取方法及相关技术原理。
2. 熟悉离子交换法纯化牛磺酸的方法。

基本原理

　　牡蛎富含牛磺酸,据报道,1 g(湿重)牡蛎含牛磺酸约 50 μmol,且牛磺酸在组织中以游离状态存在,适合用水煮法提取。提取液中除含牛磺酸外,还有大量的强电解质盐类和蛋白质、多糖等物质。在用沉淀法分离除去蛋白质、多糖之后,通过盐型离子交换树脂

从提取液中分离牛磺酸和强电解质盐类,以蒸馏水洗脱,由于盐型离子交换树脂的排阻作用,强电解质盐类先于牛磺酸流出,接取电导率下降的馏分,通过浓缩可制得牛磺酸纯品,使脱盐和牛磺酸精制同时进行。其技术路线如图5-2所示。

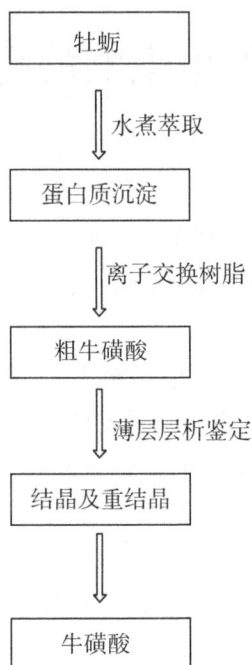

```
        ┌──────────┐
        │   牡蛎   │
        └──────────┘
             │ 水煮萃取
             ↓
        ┌──────────┐
        │ 蛋白质沉淀 │
        └──────────┘
             │ 离子交换树脂
             ↓
        ┌──────────┐
        │ 粗牛磺酸  │
        └──────────┘
             │ 薄层层析鉴定
             ↓
        ┌──────────┐
        │ 结晶及重结晶 │
        └──────────┘
             ↓
        ┌──────────┐
        │  牛磺酸  │
        └──────────┘
```

图 5-2 技术路线

实验材料、试剂及仪器

一、实验材料

牡蛎;市售牛磺酸。

二、实验试剂

蒸馏水;去离子水;甲醇;盐酸溶液;氢氧化钠溶液;饱和氯化钠溶液;无水乙醇;正丁醇-水-冰醋酸(5∶1∶1,$V/V/V$);1%茚三酮乙醇溶液。

三、实验仪器

60 cm×6 cm Na$^+$型强酸性阳离子交换树脂(树脂732),1个;匀浆器,1个;不锈钢锅,1个;电磁炉,1个;旋转蒸发仪,1台;离心机,1台;1000 mL烧杯,1个;玻璃棒,若干;离心管,若干;试管,若干;圆底烧瓶,若干;毛细管,若干;薄层板,若干。

操作

一、牡蛎牛磺酸的提取

(一)牡蛎的水煮萃取

称取牡蛎 100 g,用自来水洗去泥沙、污物,置于 1000 mL 烧杯内,加 500 mL 左右蒸馏水煮沸 1 h,分离出汁液。残渣再加适量蒸馏水煮沸 0.5 h,两次汁液合并,置于圆底烧瓶中,旋转蒸发浓缩至约 30 mL。

(二)牡蛎水萃液的蛋白质沉淀

向提取液中加入 HCl 溶液调 pH 值至 3.0,即有酸性蛋白质沉淀,移至离心管,5000 r/min 条件下离心 10 min;上清液用 5 mol/L NaOH 溶液调 pH 值至 10.0,即有碱性蛋白质沉淀,移至离心管,5000 r/min 条件下离心 10 min。上清液用 HCl 溶液调 pH 值至 4～5,待上柱。

二、牡蛎牛磺酸的分离方法

(一)离子交换树脂的预处理

Na^+ 型强酸性阳离子交换树脂的预处理:将树脂置于洁净的容器中,用蒸馏水漂洗,直到排水清澈为止。用蒸馏水浸泡树脂 12～24 h,使树脂充分膨胀。如为干树脂,应先用饱和氯化钠溶液浸泡,再逐步稀释氯化钠溶液,以免树脂突然急剧膨胀而破碎。用树脂体积 2 倍量的 2%～5% HCl 溶液浸泡树脂 2～4 h,并不时搅拌,用蒸馏水洗涤树脂,直至溶液 pH 值接近 4,再用 2%～5% NaOH 溶液处理,处理后用蒸馏水洗至微碱性,再次用 5% HCl 溶液处理,使树脂变为氢型,最后用蒸馏水冲洗,用 pH 试纸或 pH 计进行测量,pH=4 即可。使用过的树脂可重复上述步骤再活化。

(二)牡蛎牛磺酸的离子交换分离

将样品转移到 60 cm× 6 cm Na^+ 型强酸性阳离子交换树脂柱上,使提取液被吸附,用 5 mL 蒸馏水洗烧杯,洗脱液也转入树脂柱,调流速至 30 滴/min,待流至树脂底端时,加 50 mL 去离子水洗柱,如果出现堵塞情况,可用长玻璃棒伸入柱内轻轻搅动,接取牡蛎与水的流出液,直至流出液无色。

(三)经离子交换分离后牡蛎牛磺酸的薄层层析鉴定

取少量样品(用试管接取流出液)和对照品(市售牛磺酸),用适量蒸馏水溶解后点板,薄层板大小为5 cm×3 cm 左右,将样品溶液用管口平整的毛细管滴加于离薄层板一端约 1 cm 处的起点线上,对照品溶液也一起点上,晾干或吹干后将薄层板置于盛有展开剂的展开槽内,浸入深度为 0.5 cm 左右,样品点的高度一定要高于展开槽中展开剂的液面高度,待展开剂前沿离顶端约0.5 cm时,将薄层板取出,干燥后喷以显色剂,观察条带结果。展开剂:正丁醇-水-冰醋酸(5∶1∶1,$V/V/V$),显色剂:1%茚三酮乙醇溶液。

三、牛磺酸的结晶及重结晶

接取的样品(与对照品有相同 R_f 值的流出液)用旋转蒸发仪浓缩至原体积的1/100,5 ℃下放置2 h,即有牛磺酸析出(含量约85%)。母液再加入3倍体积的无水乙醇,又有牛磺酸析出。将上述所有析出的粗品牛磺酸加适量蒸馏水溶解,再加3倍体积的无水乙醇,牛磺酸针状晶体析出,纯度得到提高,反复操作,纯度可达90%以上。

┌─ 思考题 ─┐

1. 牡蛎牛磺酸进行离子交换分离的原理是什么?

2. 除上述实验所提及的离子交换分离法,分离牛磺酸还有无其他方法? 若有,该方法的原理和特点又是什么?

┌─ 参考文献 ─┐

[1] 李珊,刘玉兰,林伯群,等. 密鳞牡蛎中牛磺酸的提取[J]. 青岛医学院学报,1999,35(3):175-177.

[2] 王瑞芳,张凌晶,翁凌,等. 天然牛磺酸提取新工艺研究[J]. 食品科学,2009,30(4):111-113.

实验 6　海鞘胆甾醇的提取、分离和鉴定

简介

甾醇是广泛存在于海洋生物体内的一类重要的天然活性物质,其均以环戊烷多氢菲为基本结构,并含有羟基,也称为固醇类化合物。海鞘中含有大量的 24-亚甲基胆甾醇(24-methylene cholesterol),其化学结构式如图 6-1 所示,它是主要的活性甾醇,具有降血压、减慢心率、抗心律失常、血管解痉等作用。[1-3]

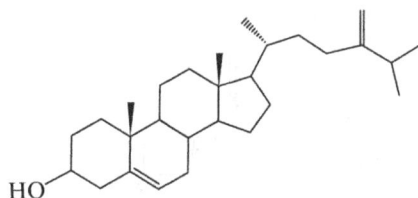

图 6-1　24-亚甲基胆甾醇的化学结构式

实验目的

1. 掌握海鞘胆甾醇的提取方法。
2. 熟悉海鞘中胆甾醇的分布及最佳提取方法,并对产物进行定性分析。

基本原理

硅胶层析法的分离原理:根据物质在硅胶上的吸附力不同而得到分离,极性较大的物质与硅胶作用强,保留时间长;极性弱的物质与硅胶作用弱,保留时间短。物质在固定相与流动相间经过反复的吸附、解吸过程,得以分离。

实验材料、试剂及仪器

一、实验材料

海鞘;硅胶填料。

二、实验试剂

乙酸乙酯;甲醇;二氯甲烷;正己烷;硫酸显色剂;市售胆甾醇。

三、实验仪器

旋转蒸发仪,1 台;电子天平,1 台;加热器,1 个;离心机,1 台;橡皮槌,1 个;250 mL 分液漏斗,1 个;35 cm×2.5 cm 玻璃柱,1 个;1000 mL 烧杯,若干;圆底烧瓶,若干;TLC 板,若干;薄层层析板(20 cm× 20 cm,SiO_2 厚度为 2.5 mm),若干;称量纸,若干。

操作

本实验的技术路线如图 6-2 所示。

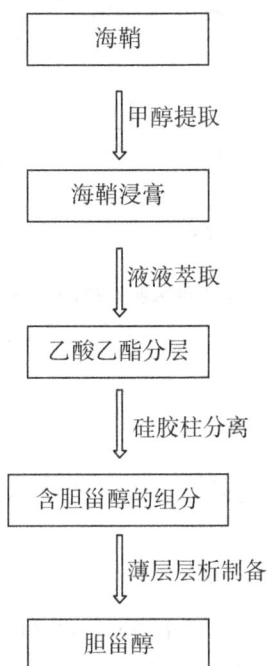

```
┌──────────────┐
│     海鞘      │
└──────────────┘
       │ 甲醇提取
       ▼
┌──────────────┐
│   海鞘浸膏     │
└──────────────┘
       │ 液液萃取
       ▼
┌──────────────┐
│  乙酸乙酯分层   │
└──────────────┘
       │ 硅胶柱分离
       ▼
┌──────────────┐
│ 含胆甾醇的组分  │
└──────────────┘
       │ 薄层层析制备
       ▼
┌──────────────┐
│    胆甾醇      │
└──────────────┘
```

图 6-2　技术路线

一、海鞘胆甾醇粗提

(一)海鞘胆甾醇的甲醇提取

称取海鞘 200 g,用剪刀剪碎后置于 1000 mL 烧杯中,加入甲醇萃取 3 次,合并 3 次所得的甲醇萃取液,置于圆底烧瓶中,旋转蒸发浓缩成稠膏状,得到海鞘甲醇提取的浸膏。

(二)海鞘胆甾醇的液液萃取

将浸膏移至 250 mL 分液漏斗中，用 30 mL 乙酸乙酯-水(1∶1,V/V)的混合溶液萃取，取上层液，重复萃取 3 次，旋转蒸发浓缩，得乙酸乙酯层稠膏，称重。

二、海鞘胆甾醇的分离方法

(一)海鞘胆甾醇的硅胶柱分离

在烧杯中称取 15 倍于乙酸乙酯层稠膏质量的硅胶，加入 2 倍体积的正己烷-二氯甲烷(1∶1,V/V)溶剂后，拌料在 35 cm×2.5 cm 玻璃柱中湿法装柱，可用橡皮槌轻轻敲打硅胶柱，使硅胶装填连续均匀、紧密。硅胶柱装好后，打开下端活塞，然后倒入洗脱剂以排尽柱内空气，并保持与硅胶一致的液面，可将乙酸乙酯层稠膏在硅胶柱中上样，依次以正己烷-二氯甲烷(1∶1,V/V)、100％二氯甲烷、100％甲醇的流动相冲洗硅胶柱，三个条件下都冲3～4倍柱体积的流动相后收集流出液组分。

(二)经硅胶分离后海鞘胆甾醇的薄层层析鉴定

取少量流出液组分和对照品(市售甾醇)点板，观察条带结果。展开剂：二氯甲烷(100％)，分析出与对照品比移值(R_f)一致的组分，即含有甾醇的粗组分；显色剂：硫酸显色剂。

(三)经硅胶分离后海鞘胆甾醇薄层层析制备(TLC)

将甾醇的粗组分在制备好的薄层层析板上上样，如图 6-3 所示，以二氯甲烷-甲醇(100∶1,V/V)作为展开剂，展开后将制备好的薄层层析板横边侧约 3 cm 处用硫酸显色剂显现条带，判断好色带后，刮取和对照品(市售胆甾醇)相近的条带，刮好的硅胶，可以隔着称量纸用试管擀碎，直到成粉末为止。粉末状的硅胶样品，可选用二氯甲烷-甲醇(10∶1,V/V)的混合溶剂进行洗脱，制备出甾醇。

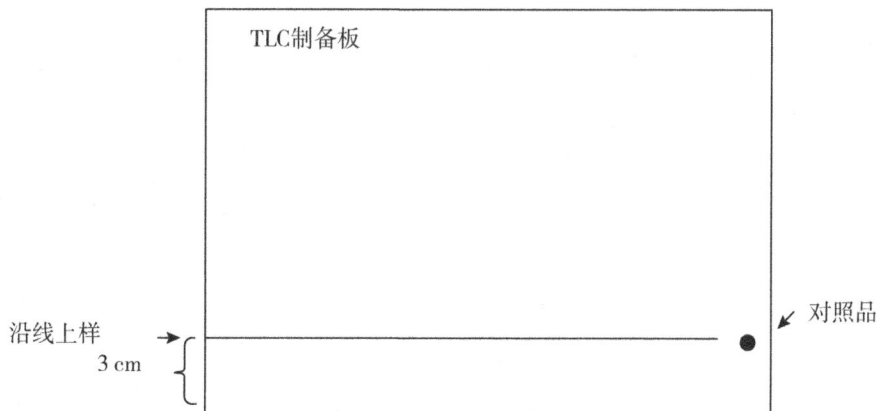

图 6-3　薄层层析制备上样

思考题

1. 海鞘胆甾醇硅胶柱分离的原理是什么？

2. 海鞘胆甾醇薄层层析制备时,为何不用紫外照射追踪甾醇条带的制备？

参考文献

[1] 蔡程科,雷海民,任天池,等. 柄海鞘化学成分研究[J]. 中国海洋药物,2003,22(2):22-23.

[2] 毛楷林,林芳,徐腾,等. 皱瘤海鞘抗人肺癌 A549 细胞组分的分离纯化及化学成分分析[J].食品科学,2018,39(21):196-202.

[3] 吴秀娜,夏金梅,许建中,等. 指形软珊瑚中 24-亚甲基胆甾醇和胆甾-5,22-二烯-3β-醇的制备[J]. 化学工程与装备,2018(10):16-18,13.

实验7　海马蛋白质的提取、分离和鉴定

简介

海马是一种小型海洋动物,属于海龙目海龙科,身长 5~30 cm,因头部弯曲与体近直角,且头呈马头状而得名。海马吻呈长管状,口小,背鳍一个,均由鳍条组成。其眼可以各自独立活动。海马行动迟缓,却能很有效率地捕捉到行动迅速、善于躲藏的桡足类生物,主要分布在大西洋、欧洲、太平洋、澳大利亚。[1]

海马为我国名贵中药,具有温肾壮阳、散结消肿的功效。现代药理研究表明,海马具有抗氧化、抗肿瘤、抗疲劳、抗衰老、抗血栓、镇痛和激素样等作用。海马所含化学成分主要有甾体、脂肪酸、微量元素、蛋白质及氨基酸等。[1]《中华人民共和国药典:2020 年版(一部)》指出,海马为海龙科动物线纹海马、刺海马、大海马、三斑海马和小海马(海蛆)的干燥体。[2]海马是珍贵的海洋生物药用资源,随着海马养殖技术的发展,其研究及开发利用具有非常重要的意义。

实验目的

1. 熟悉海马蛋白质提取的方法。
2. 掌握海马蛋白质鉴定的方法。

基本原理

利用三氯乙酸-丙酮法从海马中提取、分离纯化蛋白质,并利用 BCA 法检测所得总蛋白的含量。

实验材料、试剂及仪器

一、实验材料及预处理

1. 实验材料:海马。
2. 实验仪器:电泳仪、电泳槽、移液枪。
3. 预处理:将海马清洗干净,用剪刀剪成块状,置于-20 ℃下冷冻 4 h;将冷冻的海马碎块放入真空冷冻干燥机中,-50 ℃下冻干 48 h;冻干后取出,放入超高速粉碎机中粉碎成细小粉末,4 ℃下密封备用。[1]

二、实验试剂及配制

三氯乙酸;丙酮;EDTA;硝酸银;P0010 增强型 BCA 蛋白浓度测定试剂盒;蛋白标准品溶液;考马斯亮蓝快速染色液;氯化钠(NaCl);2% 碳酸氢钠(NaHCO₃);RIPA 裂解缓冲液;乙醇;30% Acr-Bis;1 mol/L Tris(pH 8.8);1 mol/L Tris(pH 6.8);10% SDS;10% 过硫酸铵;TEMED;异丙醇;Buffer;蛋白 Marker;牛血清白蛋白(BSA)标准液;蒸馏水;无氯去离子水。

1. 三氯乙酸-丙酮溶液的配制:称取三氯乙酸(TCA)固体 1 g,加入预冷的 10 mL 丙酮溶液中即可。

2. 1 mol/L NaCl 溶液的配制:称取 17.75 g NaCl,在烧杯中用适量蒸馏水溶解,置于 500 mL 容量瓶,定容,取出 100 mL 即可。

3. 1% 硝酸银溶液的配制:称取 1 g 硝酸银,用无氯去离子水溶解,并补足体积至 100 mL,转移至棕色试剂瓶并贴好标签。

4. 以牛血清白蛋白(BSA)为标准品制定标准曲线:取 10 μL BSA 标准液加 PBS 缓冲液稀释至 100 μL,使终浓度为 0.5 mg/mL,在 96 孔板中将标准品浓度调为 0、0.0156、0.03125、0.0625、0.125、0.25、0.5 mg/mL,每孔再加入 200 μL BCA 工作液,37 ℃放置 20 min 后,用酶标仪在 562 nm 处检测各孔的吸光值,以 BSA 浓度为横坐标、吸光值为纵坐标,绘制 BSA 标准曲线。

三、实验仪器

超高速粉碎机,1 台;电热恒温水浴锅,1 台;多功能酶标仪,1 台;真空冷冻干燥机,1 台;冷冻高速离心机,1 台;小型台式离心机,1 台;电子天平,1 台;电泳装置,1 套;凝胶成像仪,1 台;抽滤装置,1 套;超滤离心管,若干;透析袋,若干。

操作

一、海马总蛋白粗提取[1]

(一)三氯乙酸-丙酮法提取海马总蛋白

称取海马粉末 100 mg,加入配制好的三氯乙酸-丙酮溶液 5 mL,置于 4 ℃下浸泡 24 h。在 4 ℃条件下,10000 r/min 离心 15 min,弃去上清液,沉淀物用丙酮清洗 3 遍。在室温条件下,待丙酮挥发完。将干燥沉淀物用 RIPA 裂解缓冲液在 4 ℃条件下裂解 1 h,1000 r/min 离心 30 min,取上清液保存下来,即为粗品海马总蛋白,将粗品海马总蛋白置于 -20 ℃冰箱中保存。

(二)BCA 法检测海马总蛋白含量

分别取 0、1、2、4、8、16、20 μL 浓度为 0.5 mg/mL 的 BSA 标准品溶液加到 96 孔板

中,每孔标准品不足 20 μL 的,加蛋白质标准稀释液补足至 20 μL。每孔加入 200 μL 配制好的 BCA 工作液(将 BCA 蛋白浓度测定试剂盒中的 A 液与 B 液按照 50∶1 的比例混合),提取的样品总蛋白 20 μL/孔,做三个复孔,加入 96 孔板中,每孔加入 200 μL BCA 工作液。37 ℃下孵育 30 min,用多功能酶标仪检测 562 nm 波长处的吸光值。

二、海马总蛋白透析除盐[1]

1. 称取海马粉末 10 g,按照最佳提取条件提取总蛋白质,10000 r/min 离心 20 min,取上清液。将上清液抽滤,收集滤液,装入 50 mL 离心管中,于 4 ℃下保存。

2. 把透析袋剪成 15 cm 的小段,放入 2% NaHCO₃ 和 1 mol/L EDTA 溶液中煮沸 10 min,用蒸馏水冲洗干净。再用 1 mol/L EDTA 溶液煮沸 10 min,用蒸馏水清洗,冷却后放入 20% 乙醇溶液中于 4 ℃下进行保存。将提取的总蛋白上清液放入经 2% NaHCO₃ 和 1 mol/L EDTA 处理的透析袋中,在 4 ℃条件下用无氯去离子水浸泡,每隔 1 h 换一次去离子水,用 1% 硝酸银溶液检测氯离子的去除情况,直到透析液中无白色沉淀为止。

3. 将透析好的总蛋白溶液装入密封袋中,放入 −20 ℃冰箱中冷冻。真空冷冻干燥机预热 20 min,将冷冻的总蛋白放入蒸发皿中,冷冻干燥 36 h。收集干燥的蛋白质粉末,密封存放于 4 ℃冰箱中。

三、SDS-PAGE 电泳分析总蛋白分子量[1,3,4]

1. 将玻璃板用蒸馏水洗净,干燥后使用。

2. 将玻璃板在灌胶架上固定好,放好密封条和隔离板,固定玻璃板时,两边一定要用力均匀,防止夹坏玻璃板。

3. 按表 7-1 配制 12% 分离胶和 5% 浓缩胶。

表 7-1 12% 分离胶与 5% 浓缩胶的配制

成分	12% 分离胶/mL	5% 浓缩胶/mL
蒸馏水	2.0	2.1
30% Acr-Bis	4.0	0.5
1 mol/L Tris (pH 8.8)	3.8	0
1 mol/L Tris (pH 6.8)	0	0.38
10% SDS	0.1	0.03
10% 过硫酸铵	0.1	0.03
总体积	10	3.04

4. 样品的制备:取少量干燥蛋白质粉末放入 1.5 mL 离心管中,溶于 1 mL 蒸馏水中,并稀释 10 倍,利用 BCA 法测蛋白质浓度,通过计算得出海马总蛋白上样量为 19.5 μL,蒸馏水为 4.5 μL,Buffer 为 6 μL,总计 30 μL。置于水浴锅中,沸水浴 8 min,取

出待用。

5. 用移液管快速加入 12％分离胶,约 5 cm,之后加少许异丙醇,静置至胶凝,胶与异丙醇形成清晰的界面(15～20 min)。

6. 待 12％分离胶凝固,倒掉异丙醇,用蒸馏水清洗 3 次,用滤纸吸干水。

7. 将 TEMED 加入 5％浓缩胶中,连续平稳加入浓缩胶至边缘 5 mm 处,迅速插入梳子,静置到胶凝固。

8. 拔出梳子,用移液器将制备好的海马总蛋白样品与蛋白 Marker 上样。

9. 将胶板安装在电泳槽中,加电泳液,接通电源,100 V 下恒压电泳。

10. 将凝胶取出,放在凝胶成像仪上成像。

11. 将海马总蛋白与蛋白 Marker 对比,得出结果。

四、海马总蛋白超滤分离及浓度检测

1. 在 10 kDa 超滤离心管中加入去离子水,水量需没过膜,冰箱预冷 10 min,然后将水倒出,用移液枪加入蛋白液,操作要轻,在 4 ℃条件下 7500g 离心 10 min。离心完毕,用 200 μL 移液枪取出上层大于 10 kDa 的蛋白;将剩余蛋白液(有固体与胶状物)吸出,用移液枪轻轻吹打,加入无菌水,放入 30 kDa 超滤离心管,操作步骤同上。最后得到 3 个组分:小于 10 kDa 的组分,10～30 kDa 的组分,大于 30 kDa 的组分,放入 2 mL 离心管中于 4 ℃下保存。

2. 将各超滤蛋白组分振荡混匀,各取 20 μL 加入 96 孔板中;将配制好的 BSA 标准蛋白液,各梯度取 20 μL 加入 96 孔板中;将配制好的 BCA 工作液,各取 200 μL 加入 96 孔板中;于 37 ℃下孵育 30 min,在 562 nm 处用多功能酶标仪检测各孔的吸光值。

▭ 思考题 ▭

1. 海马总蛋白的提取方法还有哪些?

2. 蛋白浓度的测定方法还有哪些?

▭ 参考文献 ▭

[1] 王晨旭. 海马蛋白对 RAW264.7 巨噬细胞炎性损伤的保护作用及机制研究[D]. 哈尔滨:哈尔滨商业大学,2019.

[2] 国家药典委员会. 中华人民共和国药典:2020 年版(一部)[M]. 北京:中国医药科技出版社,2020.

[3] 胡佳瑶,张梅妍,王振灵,等. 海马总蛋白提取及其酶解条件优化[J]. 生物技术进展,2017,7(4):310-314.

[4] 张露露,王昕陟. 非连续型垂直板 SDS-PAGE 电泳技术分析蛋白质的方法[J]. 黑龙江畜牧兽医,2015(11):91-93.

实验 8　海洋放线菌色霉素的提取、分离和鉴定

简介

海洋放线菌是多产抗生素的微生物类群,其生活环境十分特殊(如高盐度、高压、低营养、低温等极限环境),已发展出独特的代谢方式。这种代谢方式不仅确保其能在极端环境中生存,也提供了产生新颖抗生素的潜力。天然来源抗生素的共同特点是产量和作用浓度极低,体外抑菌浓度在 μg/mL 数量级,有的还可以抑制癌细胞的分化和代谢。许多放线菌的次生代谢产物具有医药和植物保护方面的用途,已广泛用作抗细菌、抗真菌和抗肿瘤药物。从海洋放线菌代谢产物中寻找具有生物活性的新颖化合物已经成为研究热点。WBF16 菌株是实验室分离筛选得到的一株具有较强抗菌活性的海洋放线菌,其代谢产物中含有多种抗菌活性成分,本实验主要开展关于其次生代谢产物色霉素类化合物的提取、分离和鉴定。

色霉素类化合物是一个典型的抗肿瘤活性化合物家族,最早于 1960 年由日本科学家从陆生微生物中分离得到。这类化合物通常包括橄榄霉素 A、色霉素 A_2、色霉素 A_3、色霉素 A_4、光辉霉素、色环霉素等。在化学结构上,这类化合物往往(除了色环霉素外)含有三元环母核的苷元,且在其 C-3 位和 C-7 位上连有两条侧链(图 8-1)。目前,色霉素和光辉霉素已经应用于临床来治疗一些晚期的肿瘤,但是由于其较高的心脏毒副作用,临床使用受到了一定的限制。所以,继续寻找一些新结构、低毒副作用的这类化合物仍然是一个非常严峻的课题。

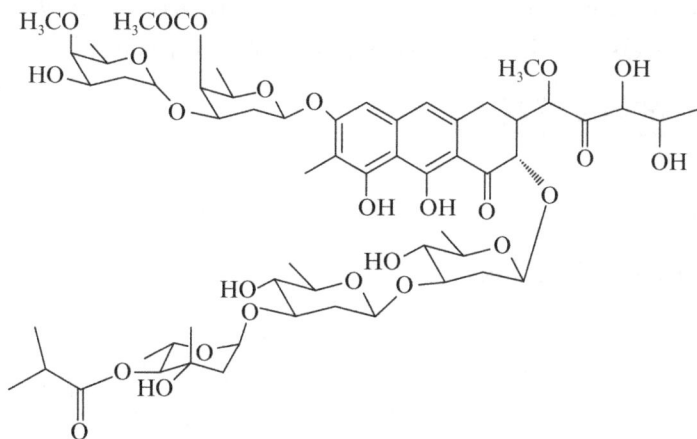

图 8-1　色霉素 A_2(chromomycin A_2)

实验目的

1. 掌握海洋微生物的培养方法。
2. 掌握不同极性溶剂逐级萃取分离不同活性产物的方法。
3. 掌握抑菌活性测定方法中的琼脂平板法。
4. 掌握薄层层析技术。
5. 掌握大孔树脂柱层析技术。

基本原理

海洋微生物及其代谢产物是海洋生物中产生活性成分的重要来源,近年来从海洋微生物及其代谢产物中分离得到许多具有抗病毒、抗肿瘤、免疫调节等活性的化学成分,成为海洋药物开发研究的重要研究方向。[1]

萃取(extraction)是利用溶质在互相不能任意混溶的两相(如氯仿和水)之间分配系数的不同而使溶质得到分离的一项操作技术。萃取时,各成分在两相溶剂中的分配系数相差越大,则分离效率越高。液-液萃取又称为有机溶剂萃取或溶剂萃取。萃取作为一项传统的分离技术,由于操作简单,不需特殊的仪器设备,因此,在分离纯化海洋天然小分子物质中发挥着极为重要的作用。若所分离的小分子物质是脂溶性的,可选择极性较低、亲脂性较高的有机溶剂(如氯仿、乙醚等)与水进行萃取;若有效成分是亲水性物质,其水溶液用弱亲脂性的溶剂(如乙酸乙酯、丁醇、戊醇等)萃取,有时可在氯仿或二氯甲烷中加少量甲醇或乙醇进行萃取;在分离酸性、碱性及两性有机化合物时,溶剂系统的 pH 值常常是应该充分考虑的因素,如在分离生物碱时若采用 pH 梯度萃取,可使强碱性生物碱与弱碱性生物碱得到初步分离。[2]

理论上讲,如果有效成分在两相中的分配系数差距足够大,一次或几次萃取即可完成分离,但这在实际分离过程中是很少出现的。由于天然产物组成的复杂性,以及各种化合物在两相中的分配系数差距一般比较小,所以有时即使进行几十次甚至上百次的萃取操作也难以分离纯化出单一的化合物。因此,溶剂萃取主要是获得一组或几组性质相近的混合物。从这个意义上讲,溶剂萃取是一种初步分离技术。

实验材料、试剂及仪器

一、实验材料

海洋放线菌;金黄色葡萄球菌。

二、实验试剂及配制

碘瓶;香草醛-硫酸试剂;氯化铁-硫酸试剂;碘-碘化钾试剂(Wagner);费林溶液(Fehling);茚三酮试剂;LB 平板及培养基;GYP 培养基(可溶性淀粉 10 g、黄豆粉 10 g、硝酸钾 1 g、海水晶 12.5 g);生理盐水;大孔树脂;乙醇;蒸馏水。

1. 香草醛-硫酸试剂:主要用于检查高级醇类、甾体类、萜类、芳香油类化合物。配制方法如下:1 g 香草醛溶于 100 mL 浓硫酸,或 0.5 g 香草醛溶于 100 mL 硫酸-乙醇(4∶1,V/V)中,对待测物喷洒后,可在室温或者 120 ℃下加热,观察显色斑点。

2. 碘-碘化钾试剂(Wagner):主要用于检查生物碱。配制方法如下:1 g 碘及 10 g 碘化钾,溶于 50 mL 水中,加热,加 2 mL 醋酸,再用水稀释至 100 mL。可作纸层析的显色剂,也可作沉淀剂。

3. 茚三酮试剂:主要用于检查氨基酸和氨基糖。配制方法如下:将 0.3 g 茚三酮溶于 100 mL 正丁醇中,加入 3 mL 醋酸,或者将 0.3 g 茚三酮溶于 100 mL 乙醇(丙酮)中,可在 110 ℃下加热至斑点出现。

三、实验仪器

恒温培养箱,1 个;50 mL 分液漏斗,4 个;试管架,1 个;1 mL EP 管,9 支;微量移液枪,1 支;吸嘴,若干;5 mL 移液管,4 支;10 mL 玻璃试管,10 支;点样用毛细管,若干;5 mL 带塞试管,若干;50 mm×50 mm×100 mm 展开缸,1 个;镊子,2 把;三角玻璃棒,若干;酒精灯,1 个;打孔器,1 个;50 mL 烧杯,1 个;10 mm×50 mm 薄层层析板,若干;500 mL 锥形瓶,若干;100 mL 锥形瓶,若干;纱布,若干。

□ 操作 □

一、种子培养基的配制

1. 配制 GYP 种子培养基:将 GYP 培养基(可溶性淀粉 10 g、黄豆粉 10 g、硝酸钾 1 g、海水晶 12.5 g)溶于 50 mL 蒸馏水中,调节 pH 值到 7.0,并置于 100 mL 锥形瓶,121 ℃下灭菌 20 min,冷却待用。

2. 将海洋放线菌的单菌落接种到 GYP 种子培养基中,在 28 ℃下,280 r/min 培养 3 天,即为种子培养基。

二、海洋放线菌发酵

1. 配制 GYP 发酵培养基:将 GYP 培养基溶于 500 mL 蒸馏水中,调节 pH 值到 7.0。

2. 将 500 mL GYP 发酵培养基平均分装到 2 个 500 mL 锥形瓶中,灭菌冷却后待用。

3. 取 3 mL 种子培养基加到含有 250 mL 发酵培养基的锥形瓶中,置于摇床中,200 r/min,28 ℃下持续发酵 7 天,用 4 层纱布过滤得澄清发酵液。

三、萃取

1. 取澄清的海洋放线菌发酵液 100 mL。

2. 各取 10 mL 发酵液上清液分别加到 4 个 25 mL 分液漏斗中。

3. 依次吸取石油醚(1)、氯仿(2)、乙酸乙酯(3)、正丁醇(4)10 mL 加到分液漏斗中进行萃取。

4. 加入有机溶剂后,小心振摇分液漏斗,使萃取完全,放置 15 min(注:振摇过程中注意放气)。

5. 静置至分层完全以后,分别将分液漏斗中的有机相及水相(发酵液萃取后剩余相)放置在玻璃试管中,编号依次为 1-1(石油醚萃取的有机相)、2-1(氯仿萃取的有机相)、3-1(乙酸乙酯萃取的有机相)、4-1(正丁醇萃取的有机相);另外,吸取 5 mL 发酵液上清液置于玻璃试管中,编号为 5。

6. 用微量移液枪吸取上述各溶液 200 μL 于 EP 管中,做好标记待用。

四、抑菌活性测定[3]

1. 取出冰箱中冻存的金黄色葡萄球菌,取单个菌落菌种放在 LB 培养基中,37 ℃下摇床(200 r/min)培养 5~8 h,至 LB 培养基中的菌体生长充分。

2. 用微量移液枪准确吸取菌液 100 μL 于 1 mL 无菌试管中,加入 900 μL 生理盐水,反复吹打至稀释充分。

3. 在 LB 平板背面用记号笔做上小标记:1-1、1-2,2-1、2-2,3-1、3-2,4-1、4-2 及 5;分别代表:石油醚萃取的有机相孔、石油醚对照孔,氯仿萃取的有机相孔、氯仿对照孔,乙酸乙酯萃取的有机相孔、乙酸乙酯对照孔,正丁醇萃取的有机相孔、正丁醇对照孔及发酵液上清液孔。

4. 分别准确吸取 100 μL 稀释后的菌液,加入 LB 固体培养基中,用无菌三角玻璃棒涂均匀。

5. 打孔器烧烫灭菌,冷却后,按照 LB 固体培养基的标记打孔 9 个,培养基上不能拔出的琼脂糖小块,可用镊子轻轻夹出。LB 固体培养基上的菌落分布情况如图 8-2 所示。

6. 按照标记,在上述 9 个孔中分别加入对应的样品 50 μL;0.5 h 后,将平板倒置于 37 ℃恒温培养箱中培养 24 h。

7. 24 h 后观察抑菌实验结果:若样品孔中无抑菌圈出现,则说明无抑菌效果;若样品孔中有抑菌圈,且抑菌圈大于相应的溶剂对照孔,则说明样品有抑菌效果。

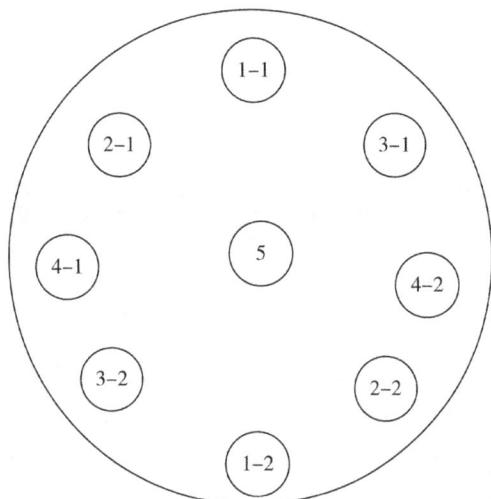

图 8-2　LB 固体培养基上的菌落分布情况

五、大孔树脂柱层析富集活性成分

1. 取 200 mL 大孔树脂按大孔树脂柱层析要求装柱,用水冲洗至无醇味,备用。

2. 将发酵液上样,流速 10 mL/min。

3. 待吸附完毕后,依次用水(500 mL)、30％乙醇-水混合溶液(500 mL)和乙醇(1 L)梯度洗脱,流速 40 mL/min。

4. 依次收集各流分,浓缩,并进行薄层层析分析。

六、薄层层析

1. 将水洗脱、30％乙醇-水洗脱、乙醇洗脱样品,分别进行薄层层析分析。

2. 选择合适的展开剂系统,使样品均匀地分布在薄层板上,利用碘瓶和香草醛-硫酸试剂、氯化铁-硫酸试剂、茚三酮试剂等进行显色反应。

3. 根据显色反应,比较和区别各不同极性溶剂萃取部分的化学成分差异,准确记录实验结果。

思考题

查阅文献,初步推测不同极性溶剂萃取部分可能含有的活性化学成分类别。

参考文献

[1] 林永成,周世宁. 海洋微生物及其代谢产物[M]. 北京:化学工业出版社,2003.

[2] 徐任生. 天然产物化学[M]. 2 版. 北京:科学出版社,2004.

[3] 范立梅. 微生物学与免疫学实验[M]. 杭州:浙江大学出版社,2012.

实验 9　海洋放线菌星形孢菌素的提取、分离和鉴定

简介

星形孢菌素家族是一类由放线菌属产生的次级代谢产物。其中最初的 staurosporine 在 1977 年由 Omura 等从链霉菌 *Streptomyces staurosporeus* 中发现,1978 年,Furasaki 等通过 X 射线分析确定了 staurosporine 的化学结构。[1]

星形孢菌素家族成员以一个糖分子和一个杂环的吲哚咔唑组成的单元为特征,是放线菌属产生的吲哚咔唑类生物碱。其中 staurosporine 的分子式为 $C_{28}H_{26}N_4O_3$,分子量为 466.541 Da,熔点为 237~239℃,分子结构如图 9-1 所示。staurosporine 通常为白色或淡黄色粉末,易溶于甲醇、乙醇、DMSO 等溶剂中,不溶于水。溶于甲醇后在波长 208 nm、241 nm、292 nm、334 nm、355 nm、373 nm 处有吸收峰。[2,3] 根据其结构特点将星形孢菌素划分为含氮类十字孢碱抗生素。

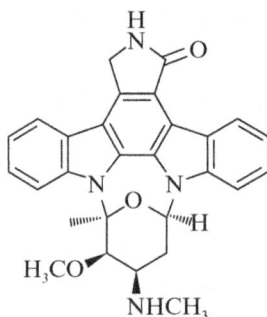

图 9-1　**staurosporine 分子结构式**

星形孢菌素是一种蛋白激酶抑制剂,能够抑制包括蛋白激酶 C、酪氨酸激酶、CDK2、cyclin A、CDK4 和 cyclin D 等在内的酶活力,具有很强的抗肿瘤活性,能诱导多种细胞系发生细胞凋亡,并且还可以抑制 IKKβ 和 IKKα 诱导细胞凋亡。同时,还具有抗菌、抗高血压特性。根据星形孢菌素的生物活性,将其划分为抗肿瘤类抗生素,机理为通过抑制蛋白激酶来干扰蛋白质合成。

实验目的

1. 掌握海洋放线菌的发酵培养方法。
2. 掌握海洋放线菌中星形孢菌素类化合物的提取方法。

3. 熟悉中压硅胶柱分离纯化星形孢菌素化合物的方法。

基本原理

星形孢菌素具有独特的紫外吸收峰,溶于甲醇后在波长 208 nm、241 nm、292 nm、334 nm、355 nm、373 nm 处有吸收峰,其中在波长 292 nm 处有最大吸收峰,如图 9-2 所示。

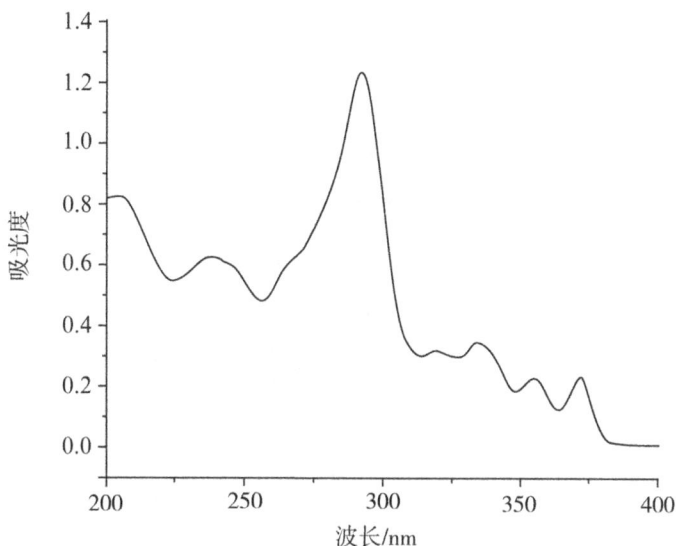

图 9-2　staurosporine 的紫外光谱

硅胶层析法的分离原理是根据物质在硅胶上的吸附能力不同而得到分离:极性较大的物质与硅胶作用强,保留时间长;极性小的物质与硅胶作用弱,保留时间短。物质在固定相与流动相间通过反复的吸附、解吸过程,得以分离。

仪器材料、试剂及仪器

一、实验材料

德国 DSMZ 细胞库的 *Streptomyces staurosporininus* DSM 42057。

二、实验试剂

可溶性淀粉;蛋白胨;酵母提取物;海盐;KBr;$Fe_2(SO_4)_3 \cdot 4H_2O$;$CaCO_3$;石油醚;乙酸乙酯;二氯甲烷;正相硅胶;反相硅胶;乙腈;甲醇;超纯水。

三、实验仪器

液质联用仪,1 台;紫外-可见分光光度计,1 台;制备型 RP-C_{18}色谱柱(5 μm,250 mm×10 mm),1 个;高效液相色谱仪,1 台;电子天平,1 台;摇床,4 台;分液漏斗,若干个;1000 mL

三角瓶,若干个;旋转蒸发仪,1 台;注射器,若干个;0.22 μm 有机滤膜,若干个。

操作

一、放线菌的发酵培养

本实验的技术路线如图 9-3 所示。

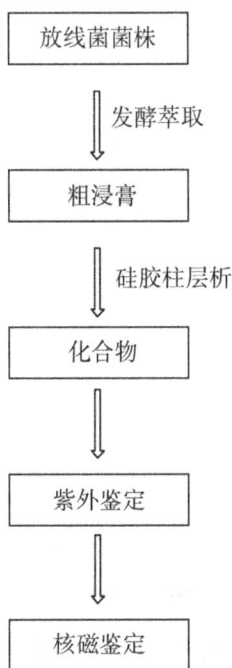

图 9-3　技术路线

(一)培养基的配制

A 培养基:称取 20 g 可溶性淀粉、6 g 蛋白胨、2 g 酵母提取物、30 g 海盐、100 mg KBr、40 mg $Fe_2(SO_4)_3 \cdot 4H_2O$、1 g $CaCO_3$ 加入 1000 mL 超纯水中,121 ℃ 下高压灭菌 20 min。

(二)菌株的发酵培养

在 30 个 1000 mL 的三角瓶中分别装入 300 mL 的 A 培养基,总体积为 9 L,121 ℃ 下灭菌 20 min 后,待冷却至室温后接入菌株,然后在 28 ℃、200 r/min 的条件下振荡培养 11 天。

(三)代谢物的萃取

将发酵完成的培养物加到等体积的乙酸乙酯中进行萃取,萃取 3 次后旋干,得到粗提物,称重。

二、硅胶柱层析分离纯化 staurosporine 化合物

1. 正相分离：对得到的粗提物进行称重，加二氯甲烷进行溶解，然后加入 1.5 倍粗提物质量的正相硅胶，搅拌均匀，至溶剂挥干。选取 40 倍左右粗提物质量的正相硅胶柱子，然后在正相硅胶柱上用石油醚-乙酸乙酯体系进行柱层析，先用 100% 石油醚冲 30 min，然后以石油醚-乙酸乙酯作为洗脱剂进行梯度洗脱，石油醚的比例从 100% 降至 0，时间为 3 h，最后用 100% 乙酸乙酯冲 30 min。将洗脱的各馏分旋干，并称重记录。

2. 反相分离：将(1)中的各馏分加二氯甲烷进行溶解，然后加入 1.2 倍粗提物质量的反相硅胶，搅拌均匀，至溶剂挥干。选取 100 倍左右粗提物质量的反相硅胶柱子，然后在反相硅胶柱上用甲醇-水体系进行柱层析，先用 30% 甲醇冲 30 min，然后以甲醇-水作为洗脱剂进行梯度洗脱，甲醇比例从 30% 提高至 100%，时间为 1 h，最后用 100% 甲醇冲 30 min。将洗脱的各馏分旋干，并称重记录。

3. 高效液相色谱(HPLC)制备：先将(2)中的各馏分用 0.22 μm 有机滤膜过滤，然后用乙腈-水体系进行梯度分析(进样量：10 μL；检测波长：230 nm、320 nm；乙腈比例从 20% 提高到 100%；流速：1 mL/min)。采用等度法，并根据液相色谱仪中检测到的紫外吸收峰(图9-2)进行制备。根据本实验上述的条件，检测波长：230 nm、320nm；乙腈比例：76% 左右；流速：1 mL/min；保留时间：26 min 左右。制备得到的组分可以利用液质联用仪确定分子量，进一步确定 staurosporine 化合物。

三、核磁共振氢谱鉴定

对提取的化合物使用 DMSO-d_6 进行溶解，利用核磁共振氢谱进行验证。如图 9-4 所示，特征峰有：

9.31(d,J=7.95 Hz,1H)；

8.60(s,1H)；

7.98(d,J=8.90 Hz,1H)；

7.66(d,J=8.23 Hz,1H)；

7.50(t,J=7.63 Hz,1H)；

7.46(ddd,J=8.50、6.99、1.36 Hz,1H)；

7.32(m,2H)；

6.91(dd,J=4.69、1.43 Hz,1H)；

4.98(m,2H)；

3.67(s,3H)；

2.39(s,3H)。

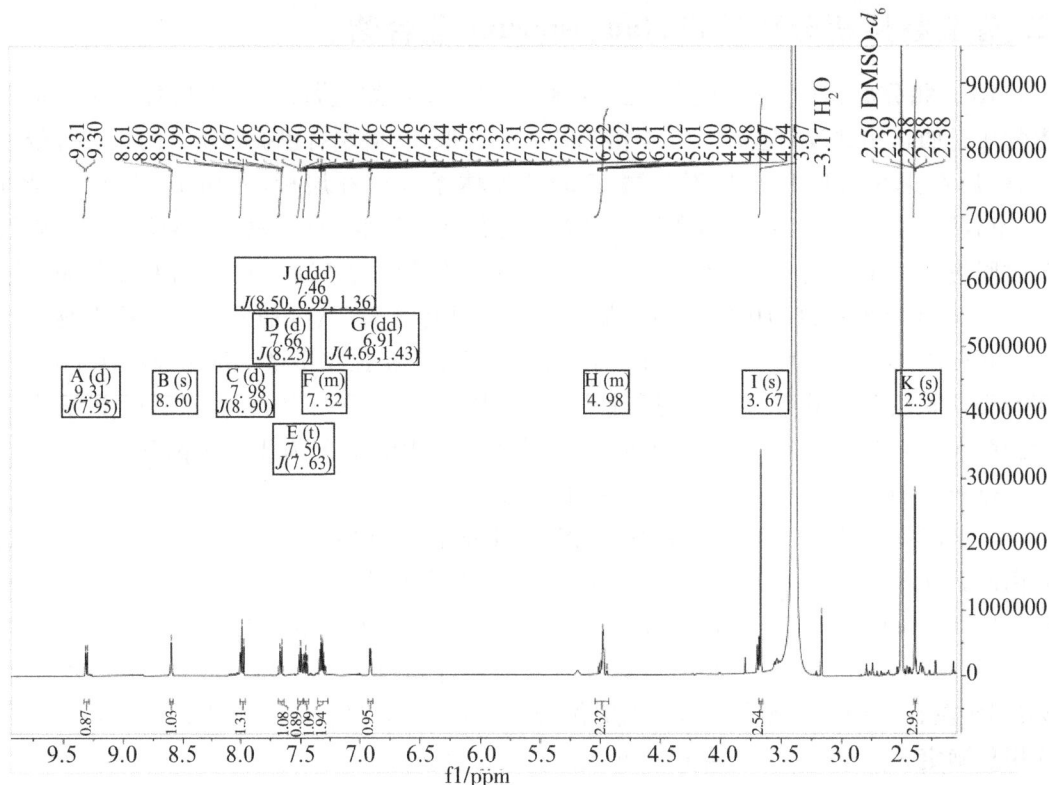

图 9-4 staurosporine 的核磁氢谱

思考题

1. 在放线菌的发酵培养中,能否修改条件使产量更高?

2. 除上述实验所提及的紫外方法外,测定星形孢菌素还有无其他方法? 若有,该方法的原理和特点是什么?

参考文献

[1] 蒲小明,林壁润,胡美英,等. 星形孢菌素产生菌 H41-38 的发酵工艺条件[J]. 微生物学通报,2009,36(11):1631-1637.

[2] 吴少杰. 从胶州湾海洋放线菌中发现的新型星形孢菌素等 7 种新结构化合物[D]. 青岛:中国科学院研究生院(海洋研究所),2005.

[3] 曾文峰,王菊芳. 海洋链霉菌 *Streptomyces* sp. SCSIO1667 产星形孢菌素的初步研究[J]. 中国酿造,2011(5):70-74.

实验 10 海洋细菌灵菌红素的提取、分离和鉴定

简介

1929 年，灵菌红素（prodigiosin）于陆生革兰氏阴性细菌 *Serratia marcescens* 中首次被发现。随后在 *Streptomyces*、*Pseudoalteromonas*、*Hahella*、*Vibrio* 和 *Zooshikella* 等属的细菌中都发现了灵菌红素及其结构类似物。灵菌红素含有 3 个吡咯环，分子式为 $C_{20}H_{25}N_3O$，分子量为 323.2 g/mol，最大吸收波长为 534 nm（图 10-1），颜色呈红色，见光易分解，易溶于有机试剂，不易溶于水。灵菌红素具有丰富的生物活性，例如抗癌、抗微生物、杀藻、抗寄生虫、抗紫外线辐射等，对正常的体细胞显示出较低的细胞毒性，具有良好的生物学选择性、安全性和药物开发潜力。[1-3]

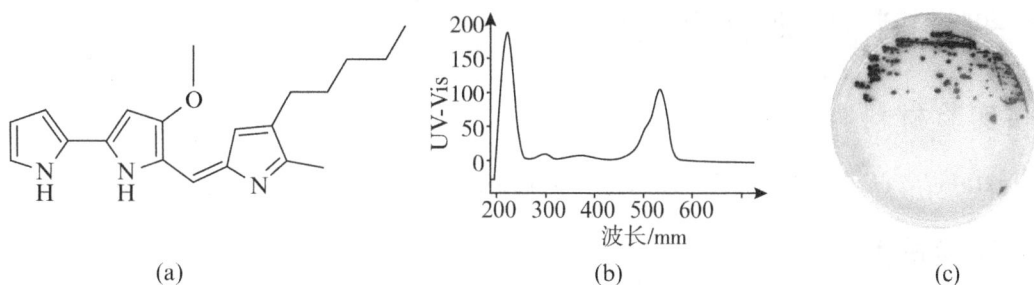

(a)　　　　　　　　　　(b)　　　　　　　　　　(c)

图 10-1　灵菌红素结构式、紫外光谱图和颜色

实验目的

1. 熟悉微生物培养与发酵实验操作。
2. 掌握灵菌红素类化合物的提取、分析与鉴定方法。
3. 熟悉微生物抑菌圈实验操作。

基本原理

灵菌红素化学结构式中含有 3 个吡咯环，长共轭系统赋予其独特的紫外吸收曲线，在甲醇溶液中，灵菌红素在波长 534 nm 和 220 nm 处具有明显的紫外吸收峰（图 10-1），在酸性条件下呈现红色，在碱性条件下呈现橙色。

质谱（MS）是一种电离化学物质并根据其质荷比（质量/电荷）对其进行排序的分析技术。一级质谱主要是给出目标物的分子量；二级质谱可以看出目标物的部分碎片，可

以对目标物的结构进行分析。伴随着液相色谱(LC)技术与质谱技术的有机融合,产生了液相色谱-质谱联用技术。液质联用体现了液相色谱和质谱优势的互补,将液相色谱对复杂样品的高分离能力与质谱具有高选择性、高灵敏度及能够提供分子量和结构信息的优点结合起来,在药物分析、食品分析和环境分析等许多领域得到了广泛的应用。而 LC-MS/MS 技术可以实现对复杂样品中目标分子的快速检测和结构分析,这为探索天然产物以及结构信息解析提供了便利。已有的研究表明,灵菌红素在二级质谱实验条件下,容易发生甲基的丢失,产生 309.1825 [M−15]$^+$ 碎片,以及脂肪酸链的断裂,产生 252.1126 [M−72]$^+$ 离子碎片,这为灵菌红素的分析提供了重要的指纹图片数据。

此外,灵菌红素具有良好的广谱抗微生物活性,尤其对革兰氏阳性细菌具有明显的抑制作用。抑菌圈法又叫扩散法,利用待测药物在琼脂平板中扩散使其周围的细菌生长受到抑制而形成透明圈。根据抑菌圈的大小,研究人员可以判定待测药物的抑菌效价。因此,抑菌圈实验可以为灵菌红素的鉴定提供进一步的数据支持。

本实验采用波谱技术(紫外吸收图谱、二级质谱碎片图谱),并结合抑菌圈实验用于灵菌红素的鉴定。着重培养学生对天然产物结构鉴定中波谱技术的理解和应用,同时强化微生物接种、发酵和提取等相关实验技能。

实验材料、试剂及仪器

一、实验材料

Hahella chenjuensis NBU794;金黄色葡萄球菌;枯草芽孢杆菌。

二、实验试剂

可溶性淀粉;磷酸氢二钾;七水硫酸镁;硫酸铵;碳酸钙;七水硫酸亚铁;四水氯化亚锰;七水硫酸锌;海盐;琼脂粉;石油醚;乙酸乙酯;甲醇;LB 液体培养基;DMSO;正相硅胶粉;万古霉素;超纯水。

三、实验仪器

高效液相色谱仪,1 台;液质联用仪,1 台;电子天平,1 台;恒温培养箱,1 台;振荡培养箱,1 台;灭菌锅,1 台;旋转蒸发仪,1 台;凹底三角瓶,若干个;分液漏斗,若干个;1 mL 无菌注射器,若干个;0.22 μm有机滤膜,若干个。

操作

本实验的技术路线如图 10-2 所示。

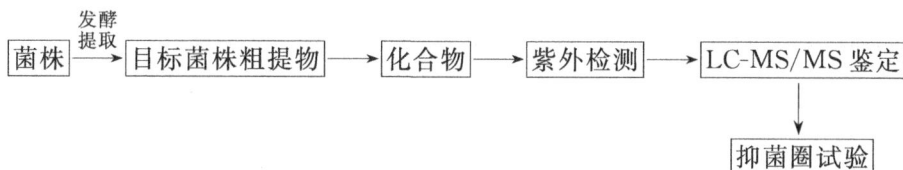

图 10-2　实验的技术路线

一、*Hahella chenjuensis* NBU794 的发酵培养

(一)培养基的配制(ISP4 固体培养基和液体培养基)

ISP4 固体培养基:将 10 g 可溶性淀粉、1 g 磷酸氢二钾、1 g 七水硫酸镁、2 g 硫酸铵、2 g 碳酸钙、0.001 g 七水硫酸亚铁、0.001 g 四水氯化亚锰、0.001 g 七水硫酸锌、2 g 海盐、15 g 琼脂粉加入 1000 mL 超纯水中,121 ℃下高压灭菌 20 min,冷却至 60 ℃左右后,倒入培养皿中,每个培养皿可以容纳 15～20 mL 含有琼脂的固体培养基。待冷却至室温后,放在通风的操净台中风干 20 分钟后,备用。

ISP4 液体培养基:配制方法同上,同时去除琼脂粉。

(二)菌株的发酵培养

利用接种针将 NBU794 菌株接种在 ISP4 固体培养基上,于 28 ℃恒温培养箱中培养 18 h。观察菌株生长情况,待单菌落长出,挑取单菌落至 50 mL ISP4 液体培养基中,在 28 ℃、160 r/min 的摇床中振荡培养 7 天。

二、次级代谢产物的纯化及鉴定

(一)次级代谢产物提取

待发酵结束,用乙酸乙酯等比例萃取发酵液,重复萃取两次。如果萃取过程中有乳化现象,可以加大乙酸乙酯的用量,静置一段时间待发酵液与乙酸乙酯分层。将萃取后的乙酸乙酯层于旋转蒸发仪中浓缩干燥,最终获得粗提物。

(二)HPLC 检测

用 1 mL 甲醇溶解 10 mg 粗提物,在常温状态下以最高速度 13300 r/min 离心 5 min,用 1 mL 无菌注射器吸取上清液 200 μL,经 0.22 μm 有机滤膜过滤至进样瓶中。使用 HPLC 检测次级代谢产物情况,进样量为 3 μL,具体检测方法见表 10-1,检测波长为 500 nm,色谱柱型号为 Luna C_{18} 柱(150 mm×4.6 mm,5 μm,Phenomenex)。

表 10-1　HPLC 检测方法

时间/min	流速/(mL/min)	超纯水(含 0.1%甲酸)/%	乙腈(含 0.1%甲酸)/%
0.00	0.7	90	10
2.00	0.7	90	10

续　表

时间/min	流速/(mL/min)	超纯水(含 0.1% 甲酸)/%	乙腈(含 0.1% 甲酸)/%
20.00	0.7	0	100
25.00	0.7	0	100
25.01	0.7	90	10
30.00	0.7	90	10

(三)LC-MS/MS 鉴定

将 $5\sim8~\mu L$ 待测样品注入液质联用仪中,前端的 HPLC 的参数设定参见表 10-2,色谱柱型号为 Luna C_{18} 柱(100 mm×3 mm,2.6 μm,Phenomenex)。离子检测采用正极模式电喷雾电离法,扫描范围为 $200\sim3200~m/z$,检测波长范围设置为 $190\sim800$ nm,DL (Desolvation Line,脱溶剂管)温度为 200 ℃,雾化气体流速为 3 L/min,加热块温度为 350 ℃,干燥气体流速为 15 L/min,柱温箱温度为 30 ℃,冷却器温度为 5 ℃。通过一级质谱数据,判断目标化合物的高分辨率质荷比,并以此作为参照,设定定向二级质谱搜索的目标质荷比。碎裂电压为 140 V,产物在不同的电压下被裂解成产物离子,碰撞电压设置见表 10-3。

表 10-2　HPLC 流动相设置

时间/min	流速/(mL/min)	超纯水(0.1% 甲酸)/%	乙腈(0.1% 甲酸)/%
0.00	0.7	90	10
5.00	0.7	90	10
40.00	0.7	0	100
45.00	0.7	0	100
45.01	0.7	90	10
55.00	0.7	90	10

表 10-3　二级质谱碰撞电压(collision energy, CE)的设置

m/z	250	350	450	550
Z=1	13	20	27	35

利用数据分析软件,提取一级分子量(324.2067 [M+H]$^+$),随后搜索二级质谱结果,观察生成的二级离子扫描质谱,m/z 309.1825 [M-15]代表第二个吡咯环上甲基丢失,m/z 252.1126 [M-72]代表第三个吡咯环上的烷基侧链丢失,对比已有的灵菌红素二级碎片图谱(图 10-3),结合灵菌红素特有的紫外吸收,完成化合物的鉴定。

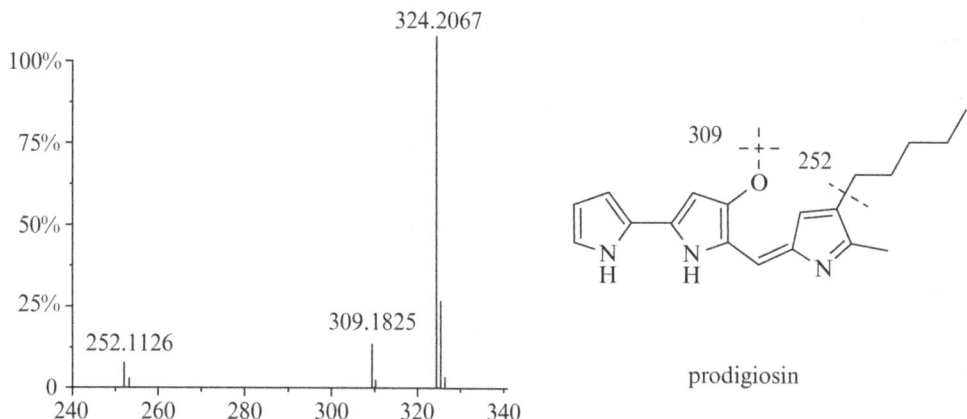

图 10-3　灵菌红素二级质谱以及碎裂模式

(四)抑菌试验

指示菌为:金黄色葡萄球菌、枯草芽孢杆菌。将待测化合物溶解在 DMSO 中,终浓度为 5 mg/mL。首先,将指示菌接种于 5 mL 液体 LB 培养基中,放置于 28 ℃、160 r/min 的摇床中过夜培养。其次,将 0.1% 培养物与 55 ℃ 固体 LB 琼脂培养基混合,混合均匀后倒扣在塑料平板上。当琼脂平板温度冷却到室温以后,放至通风的超净工作台风干 25 min,随后滴加 5 μL(含待测化合物 25 μg)待测样品,以万古霉素为阳性对照、DMSO 为阴性对照。最后,将平板放置于 37 ℃ 的培养箱中培养 16 h,并利用肉眼观察(图 10-4)。

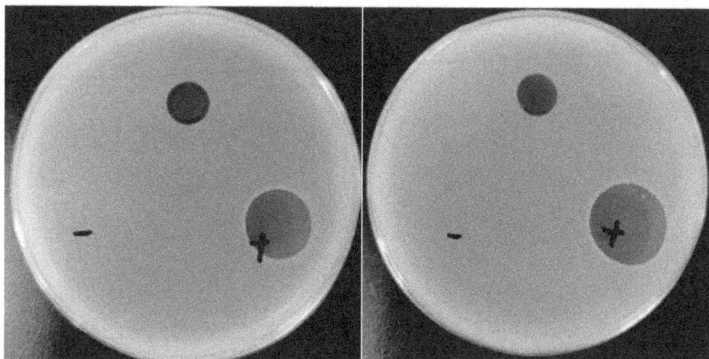

(a)金黄色葡萄球菌　　　　　　(b)枯草芽孢杆菌

图 10-4　灵菌红素抑菌圈实验

思考题

除上述实验所提及的二级质谱可鉴定灵菌红素外,还有无其他方法? 若有,该方法的原理和特点是什么?

参考文献

[1] You Z，Wang Y，Sun S，et al. Progress in microbial production of prodigiosin[J]. Chinese Journal of Biotechnology，2016，32(10)：1332-1347.

[2] Li P，He S，Zhang X，et al. Structures，biosynthesis，and bioactivities of prodiginine natural products[J]. Applied Microbiology and Biotechnology，2022，106(23)：7721-7735.

[3] He S，Li P，Wang J，et al. Discovery of new secondary metabolites from marine bacteria *Hahella* based on an omics strategy[J]. Marine Drugs，2022，20(4)：269.

实验 11　裙带菜多糖的提取、分离和鉴定

简介

裙带菜 *Undaria pinnatifida* 为褐藻门、褐子纲、海带目、翅藻科、裙带菜属,属海藻类植物,叶绿呈羽状裂片,叶片较海带薄,外形似大破葵扇,也像裙带,故得名。裙带菜在宋代《本草图经》上称菁莪菜,音变成裙带菜,分淡干、咸干两种。裙带菜是褐藻植物海带目的海草,被誉为海中蔬菜。裙带菜自民国时期就开始人工种植,品质优异、色泽纯正、口感鲜爽、营养丰富。

裙带菜不仅含有丰富的蛋白质、维生素和矿物质,还含有褐藻酸、甘露醇、褐藻糖胶、不饱和脂肪酸、膳食纤维等多种生理活性成分,具有利尿消肿、消痰软坚、促进排便等功效。

裙带菜多糖由葡萄糖、木糖、甘露糖、阿拉伯糖、岩藻糖、半乳糖、鼠李糖组成,其中葡萄糖和木糖的摩尔百分比之和达 71.39%,分子量为 691.05 kDa。海洋多糖具有多方面的生物活性,如抗菌、抗微生物、抗病毒等,且多数无毒,在开发成为海洋药物方面具有较大的潜力。[1]

实验目的

1. 学习海洋多糖的分离、纯化的方法和原理。
2. 掌握多糖的理化性质及含量测定方法。
3. 掌握硫酸酯化多糖总硫基的测定方法。

基本原理

一、多糖的提取、分离方法[2]

多糖提取有直接水提法、碱处理法以及分级处理法等。本实验采用直接水提法提取裙带菜多糖。裙带菜经沸水抽提、Sevag 法除蛋白质(氯仿-正丁醇=4∶1,*V/V*),利用乙醇沉淀分离可制得裙带菜粗多糖,再用 CTAB(溴化十六烷基三甲胺)络合法进一步精制可得裙带菜精多糖。

47

二、蒽酮-硫酸比色法测定总糖含量的原理[3]

糖类遇浓硫酸脱水生成糠醛或其衍生物,可与蒽酮试剂缩合产生有色物质,反应后溶液呈蓝绿色,于 620 nm 处有最大吸收,显色与多糖含量呈线性关系。

三、氯化钡-明胶法测定总硫基含量的原理

硫酸酯化多糖在一定温度下,经酸水解,将与糖基相结合的硫酸基释放而成游离态 SO_4^{2-},加入 $BaCl_2$ 溶液生成 $BaSO_4$ 沉淀。根据 $BaSO_4$ 的量确定 SO_4^{2-} 的量。

$BaSO_4$ 沉淀悬浮在明胶溶液中,在 360 nm 处有最大吸收,吸收值与 $BaSO_4$ 含量呈线性关系。

实验材料、试剂及仪器

一、实验材料

裙带菜。

二、实验试剂及配制

2% CTAB;硅藻土;活性炭;2 mol/L NaOH 溶液;0.2 mol/L NaCl 溶液;1 mol/L HCl 溶液;三氯甲烷-正丁醇溶液(4∶1,V/V);95% 乙醇;无水乙醇;明胶;氯化钡;硫酸钾;蒽酮试剂;丙酮;葡萄糖;蒸馏水;3% 三氯乙酸;乙醚。

1. 2% CTAB 的配制:取 2 g CTAB 溶于 100 mL 蒸馏水中,摇匀备用。

2. 氯化钡-明胶试液:将 1.5 g 明胶溶于 300 mL 蒸馏水中(于 60～70 ℃水浴中加热溶解),在冰箱中静置过夜。取 3.0 g 氯化钡溶于上述溶液中,在室温下静置 2～3 h,如有沉淀,离心除去,存放于冰箱中,一周内使用。

3. 标准硫酸基溶液:硫酸钾在 105～110 ℃高温干燥至恒重,精确称取 543.5 mg,置于 100 mL 容量瓶中,加 1 mol/L HCl 稀释至刻度,取出 5 mL 置于 25 mL 容量瓶中,以 1 mol/L HCl 稀释至刻度,得标准硫酸基溶液。

4. 蒽酮试剂:称取 0.2 g 蒽酮溶于 100 mL 80% 硫酸(体积比)中,摇匀备用。

三、实验仪器

布氏漏斗,1 个;抽滤装置,1 套;500 mL 抽滤瓶,1 个;250 mL 分液漏斗,1 个;100 mL 量筒,2 个;10 mL 量筒,1 个;离心机,1 台;250 mL 烧杯,2 个;500 mL 烧杯,1 个;1000 mL 烧杯,1 个;1000 mL 容量瓶,1 个;250 mL 容量瓶,1 个;100 mL 容量瓶,6 个;10 mL 移液管,1 个;5 mL 移液管,1 个;1 mL 移液管,1 个;水浴装置,1 套;旋转蒸发仪,1 台;20 mL 具塞试管,16 个;分光光度计,1 台;透析袋,若干个。

操作

一、提取

1. 将 10 g 裙带菜和 400 mL 蒸馏水加入 1000 mL 烧杯中,于沸水浴中加热搅拌 8 h,离心去残渣(3000 r/min,25 min)。

2. 上清液用硅藻土助滤,水洗,合并滤液后于 80 ℃ 水浴搅拌浓缩至糖浆状。

3. 加入 1/4 体积的三氯甲烷-正丁醇溶液(4∶1,V/V)摇匀,离心(3000 r/min,10 min)分层,再用分液漏斗分出下层三氯甲烷-正丁醇层和中层变性蛋白,水层再重复去蛋白操作 2 次。

4. 上清液用 2 mol/L NaOH 调至 pH 值为 7,加热回流,用 1% 活性炭脱色,抽滤,滤液扎袋,流水透析 48 h。

5. 透析液离心(3000 r/min,10 min),上清液于 80℃ 水浴浓缩至原体积的 1/3。然后加入 3 倍量 95% 乙醇,搅拌均匀后,离心(3000 r/min,15 min),沉淀用无水乙醇洗涤 2 次、丙酮洗涤 1 次,真空干燥得裙带菜粗多糖。

二、纯化

1. 取 1 g 裙带菜粗多糖,溶于 100 mL 水中,溶解后离心(3000 r/min,10 min),除去不溶物,上清液加 2% CTAB 溶液至沉淀完全,摇匀,静置 4 h,离心(3000 r/min,10 min)。

2. 沉淀物用热水洗涤 3 次,加 100 mL 2 mol/L NaCl 溶液于 60 ℃ 下解离 4 h,离心(3000 r/min,10 min),上清液扎袋,流水透析 12 h。

3. 透析液于 80 ℃ 水浴浓缩,加 3 倍量 95% 乙醇,搅拌均匀后,离心(3000 r/min,10 min),沉淀后再分别用无水乙醇、乙醚洗涤,真空干燥,得裙带菜精多糖。

三、裙带菜多糖中硫酸基含量测定

(一)总糖含量标准曲线制备

1. 分别吸取 0.1、0.2、0.3、0.4、0.5、0.6 mL 标准硫酸基溶液于具塞试管中,各管以 1 mol/L HCl 补加至总体积为 0.6 mL。

2. 加入 9.0 mL 3% 三氯乙酸和 2.4 mL 氯化钡-明胶试液,混合后在室温下静置 15~20 min。

3. 以 0.6 mL 1 mol/L HCl 作空白对照,在波长为 360 nm 下测吸光度值,测定 6 个浓度的硫酸基标准溶液。以吸光度为纵坐标、硫酸基溶液浓度为横坐标绘制标准曲线,并得出线性回归方程。

(二)硫酸基含量测定

1. 准确称取裙带菜精多糖样品 7.5 mg，以 1 mol/L HCl 作溶剂，配制浓度为 1.5 mg/mL 的多糖样品液。另取 10 mg 葡萄糖，加 20 mL 1 mol/L HCl，配制成 0.5 mg/mL 葡萄糖的标准品溶液。

2. 封管后在 100 ℃下加热水解 2～3 h，冷却后吸取 0.6 mL 水解液，测得吸光度值（记录于表 11-1 中），利用标准曲线计算出样品中总硫酸基的含量。

表 11-1　裙带菜多糖硫酸基含量的测定

对比项	1#（样品管）	2#（空白管）	3#（标准品）
试液	样品水解液 0.6 mL	1 mol/L HCl 0.6 mL	标准品溶液 0.6 mL
3%三氯乙酸	9.0 mL	9.0 mL	9.0 mL
氯化钡-明胶	2.4 mL	2.4 mL	2.4 mL
A(360 nm)	室温下静置 15 min		

四、裙带菜多糖总糖含量测定

(一)标准葡萄糖溶液标准曲线的制作

1. 准确称取 10 mg 葡萄糖，用蒸馏水配成 20 mL 标准液，分别取 1、2、3、4、5 mL 标准液再配成 100 mL 溶液，即得到不同浓度标准葡萄糖溶液。

2. 分别吸取 1 mL 不同浓度标准葡萄糖溶液移入具塞试管中，同时以 1 mL 蒸馏水作空白对照。

3. 在冰水浴中冷却数分钟，沿试管壁徐徐加入 5 mL 蒽酮试剂，振摇后于 80 ℃水浴中反应 20 min。

4. 取出冷却至室温，在波长为 620 nm 下测定吸光度，以不同浓度标准葡萄糖溶液的吸光度值对其质量浓度作出标准曲线。

(二)多糖总糖含量测定

1. 准确称取 5.0 mg 裙带菜精多糖样品，用蒸馏水加热溶解，配成 10 mL 样品溶液。分别取 1 mL 的样品溶液、蒸馏水、0.025 mg/mL 葡萄糖标准品溶液稀释成 25 mL，获得表 11-2 中测试所需的样品溶液、空白溶液和标准品溶液。

2. 分别取 1 mL 此溶液按上述标准葡萄糖的比色操作，测得各样品的吸光度值（记录于表 11-2 中），从标准曲线中查得样品中葡萄糖的质量浓度，得出样品的总糖含量。

表 11-2 裙带菜多糖总糖含量的测定

对比项	1#(样品管)	2#(空白管)	3#(标准品)
试液	样品溶液 1 mL	蒸馏水 1 mL	标准品溶液 1 mL
蒽酮试剂	5 mL	5 mL	5 mL
A(620 nm)	80 ℃水浴 20 min 冷却后备用		

思考题

1. 根据实验过程,作出裙带菜多糖的提取、分离路线简图。
2. 对裙带菜多糖的红外光谱图进行详细解析。

参考文献

[1] 门晓媛,王一飞,康琰琰,等. 裙带菜硫酸多糖的制备及其性质研究[J]. 食品科学, 2006,27(3):156-161.

[2] 何进,张声华. 枸杞多糖的分离纯化及组成研究[J]. 中国药学杂志,1996,31(12): 716-720.

[3] 郑淑贞,陈欣权,曾丽仙,等. 麒麟菜多糖的研究Ⅰ:琼枝多糖的性质及其红外光谱 [J]. 水产学报,1983,7(4):325-330.

实验 12　紫菜藻胆蛋白的提取、分离和鉴定

简介

藻胆蛋白是红藻和蓝藻特有的捕光色素蛋白,它包括藻红蛋白、藻蓝蛋白和别藻蓝蛋白三类。其用途极为广泛,既可以作为天然色素,又可制成荧光试剂,用于临床医学诊断和免疫化学及生物工程等研究领域,它还是一种重要的生理活性物质,可制成食品和药品用于医疗保健等。此外,藻胆蛋白还是一种极具开发潜力的光敏剂,用于肿瘤的光动力治疗,并在光合作用的原初理论方面具有重要的研究价值[1, 2]。

藻胆蛋白是一种细胞内蛋白,提取前需先破碎细胞。本实验采用反复冻融法并辅以超声波法进行细胞破碎。反复冻融法即将细胞在 -20 ℃下冰冻,再在 5 ℃左右溶解,反复几次,利用细胞内冰粒的形成和细胞液盐浓度的增高引起溶胀,使细胞结构破碎。该法操作简单、方便,适用于实验室中少量藻体的处理。超声波法即运用超声波破碎藻体细胞的细胞壁,使藻胆蛋白溶出。该法常作为藻胆蛋白提取中的辅助方法。

实验目的

1. 学习海洋蛋白的分离、纯化的方法和原理。
2. 掌握细胞破碎的方法及原理。
3. 掌握紫外-分光光度计的使用方法。
4. 了解藻红蛋白与藻蓝蛋白的紫外图谱的特征吸收。

基本原理

蛋白质提取的方法主要包括有机溶剂沉淀(会变性)、结晶、盐析、等电点沉淀及超滤法等。本实验中为了保护蛋白质不变性采用盐析法进行粗提,即加入盐溶液使蛋白质沉淀析出。藻胆蛋白粗提中常用的盐溶液为硫酸铵。研究表明,用 25% 饱和度硫酸铵可将藻红蛋白沉淀析出,用 30% 饱和度硫酸铵可将藻蓝蛋白沉淀析出,再用 50% 饱和度硫酸铵可将别藻蓝蛋白沉淀析出。根据相关文献得知紫菜中的藻胆蛋白主要为藻红蛋白,因此选用 25% 饱和度硫酸铵溶液进行盐析。

藻胆蛋白的粗提液在紫外-可见光下有特征吸收,其中藻红蛋白在 558 nm 处有吸收,藻蓝蛋白在 616 nm 处有吸收。基于紫外-可见光下的特征吸收可对粗提液中的藻红

蛋白(紫菜的主要藻胆蛋白成分)进行检测。依据经验公式 $A_{max}/A_{280}=(A_{558}+A_{616})/A_{280}$ 的值进行判断,其中 A_{280} 是进一步纯化(如过柱)后得到的溶液在 280 nm 处的吸收值,这里我们取 $A_{280}=0.13$。在实际应用中,需对粗提液进一步纯化,使得到的藻胆蛋白的 $A_{max}/A_{280}>4$,方能达到纯度要求。

仪器材料、试剂及仪器

一、实验材料

紫菜粉。

二、实验试剂及配制

去离子水;硫酸铵粉末(研细);1 mmol/L 磷酸铵缓冲液(pH 6.8);氨水;精密 pH 试纸(6.0~8.0)。

1. 25 ℃下饱和硫酸铵溶液的配制:在 25 ℃下,硫酸铵溶液由初浓度调到终浓度时,每升溶液所加固体硫酸铵的克数,如表 12-1 所示。

表 12-1　25 ℃下饱和硫酸铵溶液的配制

		硫酸铵终浓度,% 饱和度																
		10	20	25	30	33	35	40	45	50	55	60	65	70	75	80	90	100
		每 1 升溶液加固体硫酸铵的克数																
硫酸铵初浓度,% 饱和度	0	56	114	144	176	196	209	243	277	313	351	390	430	472	516	561	662	767
	10		57	86	118	137	150	183	216	251	288	326	365	406	449	494	592	694
	20			29	58	78	91	123	155	190	225	262	300	340	382	424	520	619
	25				30	49	61	93	125	158	193	200	267	307	348	390	485	583
	30					19	30	62	94	127	162	198	235	273	314	356	449	546
	33						12	43	74	107	142	177	214	252	292	333	426	522
	35							31	63	94	129	164	200	238	178	319	411	506
	40								31	63	97	132	168	205	245	285	375	469
	45									32	65	99	134	171	210	250	339	431
	50										33	66	101	137	176	214	302	392
	55											33	67	103	141	179	264	353
	60												34	69	105	143	227	314
	65													34	70	107	190	275
	70														35	72	153	237
	75															36	115	198
	80																77	157
	90																	79

2. 1 mmol/L 磷酸铵缓冲液(pH 6.8)的配制：0.149 g 磷酸铵加入 1 L 去离子水,用氨水调节 pH 值至 6.8 即可。

三、实验仪器

托盘天平,1 台;250 mL 烧杯,2 个;100 mL 烧杯,1 个;超声波破碎仪,1 台;冰箱,1 台;冷冻离心机,1 台;100 mL 量筒,1 个;玻璃棒,1 个;紫外-可见分光光度计,1 台;1000 mL 或 250 mL 容量瓶,若干个。

操作

一、预处理

1. 称取 4 g 紫菜粉,用去离子水浸泡 4 h,充分溶胀。

2. 将细胞在 -20 ℃下冰冻,再在 5 ℃左右溶解,反复 3 次。

3. 在冰浴中进行超声波辅助破碎,为防止温度过高使蛋白质变性,工作时间为 5 s,间歇时间为 10 s,10 次为一个循环,拿出散热 1 min。放在冰箱中过夜。

二、粗提

1. 在 4 ℃下,7000 r/min 离心 10 min,去除藻体残渣,取紫红色上清液即为藻胆蛋白粗提液。

2. 将粗提液平均分成三份,按照饱和度为 20%、25%、30%分别称取相应饱和度质量的硫酸铵粉末(用研钵磨细),边搅拌边缓慢加入以上三份粗提液中,缓慢搅拌 1 h 以促进蛋白质沉淀。

3. 冷冻离心(4 ℃,10000 r/min,10 min),将沉淀物溶于 40 mL 1 mmol/L 磷酸铵缓冲液(pH 6.8)中。

三、紫外检测

用紫外-分光光度计分别测定粗提液在 558 nm 和 616 nm 处的吸收值 A_{558} 和 A_{616}。计算比较三组粗提液的 A_{max}/A_{280} 值,寻找合适的硫酸铵溶液浓度并据此评价藻胆蛋白的纯度。

思考题

1. 根据实验过程,绘出紫菜藻胆蛋白的提取、分离路线简图。

2. 在预处理过程中,为何不用普通水进行溶胀而选用去离子水?

参考文献

[1] 杨方美，李华佳，胡秋辉. 紫菜中藻胆蛋白的提取及纯化[J]. 食品科学，2005，26 (11)：100-102.

[2] 郑江. 藻胆蛋白的提取纯化研究进展[J]. 食品科学，2002，23(11)：159-161.

实验 13 海带岩藻多糖的提取、分离和鉴定

简介

海带（*Laminaria japonica*），属于褐藻门、海带科、海带目，是一种大型的可食用藻类，在我国有着悠久的食用历史，具有很高的经济价值。[1]我国是海带养殖大国，目前海带养殖主要分布在浙江、福建、广东等沿海地区。海带中富含多种矿物营养成分，还含有多糖、肽、ω-3 脂肪酸、类胡萝卜素、酚类物质等。海带药用价值高，具有抗凝血、降血脂、降血压、扩张血管等生物活性。[2]

海带多糖主要包括三种多糖，分别为岩藻多糖（fucoidan）、褐藻胶（algin）和褐藻淀粉（laminaran）。[3]岩藻多糖是一种含有大量 L-岩藻糖和硫酸酯的水溶性杂多糖，即 α-L-岩藻糖-4-硫酸酯的多聚物，结构中伴有少量半乳糖、甘露糖、葡萄糖、木糖和阿拉伯糖。[4]岩藻多糖是海带中特有的一种化学成分，具有多方面的生物活性，如抗肿瘤、抗凝血、抗血栓、免疫调节和降血脂等。[5]

实验目的

1. 掌握稀酸提取醇沉淀法提取海带岩藻多糖的原理和操作步骤。
2. 熟悉苯酚-硫酸法测定海带岩藻多糖含量的原理及操作步骤。
3. 熟悉氯化钡-明胶浊度法测定海带岩藻多糖中硫酸根含量的原理及操作步骤。

实验原理

本实验利用稀酸提取醇沉淀法得到海带岩藻粗多糖，通过 Sevag 法去除海带岩藻粗多糖中的蛋白质、活性炭吸附法去除海带岩藻粗多糖中的色素得到海带多糖溶液。通过苯酚-硫酸法测定海带岩藻多糖的含量。通过氯化钡-明胶浊度法测定海带岩藻多糖中硫酸根的含量。

仪器材料、试剂及仪器

一、实验材料

干海带粉末。

二、实验试剂及配制

无水乙醇;氯仿;正丁醇;丙酮;5%苯酚溶液;浓硫酸;盐酸;活性炭;葡萄糖;三氟乙酸;0.3%明胶溶液;氯化钡($BaCl_2 \cdot 2H_2O$);无水硫酸钾;pH 试纸;蒸馏水。

1. 标准葡萄糖溶液的配制:准确称取干燥至恒重的葡萄糖 5 mg,加入适量蒸馏水溶解,溶解后转移至 10 mL 容量瓶中,加蒸馏水至刻度,摇匀,即得 0.5 mg/mL 标准葡萄糖溶液备用。

2. 标准硫酸根溶液的配制:精确称取干燥至恒重的 K_2SO_4 粉末 181 mg,加入 10 mL 蒸馏水配制成浓度为 0.1 mg/mL 的标准硫酸根溶液备用。

3. 0.3%明胶溶液的配制:取 3.0 g 明胶于烧杯中,加入 1000 mL 蒸馏水,在 70 ℃ 的水浴锅中加热溶解,溶解后冷却至室温,于 4 ℃下过夜保存。

4. 氯化钡-明胶溶液的配制:取 2.0 g 氯化钡($BaCl_2 \cdot 2H_2O$)溶于 200 mL 0.3%明胶溶液中,静置 2 小时后备用。

三、实验仪器

电子天平,1 台;恒温电热套,1 个;旋转蒸发仪,1 套;离心机,1 台;分液漏斗,1 个;恒温干燥箱,1 个;紫外-分光光度计,1 台;圆底烧瓶,若干;试管,若干;移液管,若干。

操作

一、海带岩藻多糖的提取

称取干海带粉末 20 g,置于 250 mL 圆底烧瓶中,加入 100 mL 蒸馏水,用 HCl 调节 pH 值为 3～4,热回流提取,提取温度为 70～80 ℃,提取 3 h。冷却后,过滤收集上清液,加入 4 倍体积的无水乙醇,4 ℃条件下沉淀 24 h,离心,收集沉淀物。沉淀物用丙酮重复洗涤 3 次,抽滤,收集沉淀,低温干燥,得到海带岩藻粗多糖。

二、海带岩藻多糖的纯化

1. 除蛋白质:称取 2.0 g 海带岩藻粗多糖,加入 20 mL 蒸馏水,加入预先配制的氯仿-正丁醇(4：1, v/v)混合溶液 4.0 mL,置于分液漏斗中,充分振摇 20～30 min,静置分层,然后将水层与有机溶剂层分开。水层再加入 1/5 体积的氯仿-正丁醇溶液,上述步骤重复 3 次。

2. 除色素:在去除了蛋白质的海带岩藻多糖溶液中加入 0.4 g 活性炭,并调节 pH 值为 3～4,加热煮沸,保持微沸 30～60 min,离心除去活性炭,得海带岩藻精多糖。

三、海带岩藻多糖含量测定

采用苯酚-硫酸法测定海带岩藻多糖的含量。

1. 绘制葡萄糖标准曲线：用移液管分别量取葡萄糖标准溶液 0.1、0.2、0.3、0.4、0.5、0.6、0.7 mL 置于干燥的试管中，分别加入适量蒸馏水定容至 1.0 mL，然后分别加入 5% 苯酚溶液 0.5 mL，最后加入浓硫酸 5.0 mL，摇匀，室温下放置 30 min，在 490 nm 处检测其吸光度。以葡萄糖浓度为横坐标、吸光度为纵坐标，绘制葡萄糖标准曲线。

2. 样品的测定：称取 10 mg 海带岩藻精多糖，加蒸馏水至 10 mL，取 1.0 mL，然后加入 5% 苯酚溶液 0.5 mL，最后加入浓硫酸 5.0 mL，摇匀，室温下放置 30 min，在 490 nm 处测定其吸光度，由葡萄糖标准曲线求出海带岩藻精多糖中多糖的含量。

四、海带岩藻多糖紫外光谱分析

称取 10 mg 海带岩藻精多糖，加蒸馏水至 10 mL，在紫外-分光光度计上进行全波长扫描(200~400 nm)。若在 260 nm 和 280 nm 处没有特征吸收峰，则说明海带岩藻多糖中不含有核酸和蛋白质。

五、海带岩藻多糖硫酸根含量测定

采用氯化钡-明胶浊度法测定海带岩藻多糖中硫酸根的含量。

1. 绘制硫酸根标准曲线：取 1.0 mL 标准硫酸根溶液，加入适量蒸馏水稀释成 0.0125 mg/mL，用移液管分别量取 0.5、0.6、0.7、0.8、0.9 和 1.0 mL 的 0.0125 mg/mL 硫酸根溶液置于干燥试管中，用蒸馏水定容至 4.0 mL。分别加入 1.0 mL 氯化钡-明胶溶液，混匀后室温下放置 30 min，在 400 nm 处检测其吸光度。以硫酸根浓度为横坐标、吸光度为纵坐标，绘制硫酸根标准曲线。

2. 样品测定：称取 6.0 mg 海带岩藻精多糖，加蒸馏水至 4.0 mL，取 1.0 mL 海带岩藻多糖溶液与 1.0 mL 2.0 mol/L HCl 混合，移取 0.2 mL 上述配制好的混合溶液于干燥试管中，加入 3.8 mL 三氟乙酸溶液，再加入 1.0 mL 氯化钡-明胶溶液，混匀后于室温下放置20 min，在 400 nm 处测定其吸光度。由硫酸根标准曲线求出海带岩藻精多糖中硫酸根的含量。

思考题

1. 除 Sevag 法外，还有哪些方法可以用于去除多糖中的蛋白质？

2. 除苯酚-硫酸法外，还有哪些方法可以用于测定多糖的含量？

参考文献

[1] 康慧宇，杨正勇，张智一. 我国海藻产业发展研究[J]. 海洋开发与管理，2018，35

（6）：11-14.

［2］张哲，张筠. 海带中的生理活性多糖［J］. 食品科技，1999(3)：52-53.

［3］李林，罗琼，张声华. 海带多糖的分类提取、鉴定及理化特性研究［J］. 食品科学，2000，21(4)：28-32.

［4］许凤清，吴皓. 海带多糖的研究进展［J］. 中国中医药信息杂志，2005，12(6)：106-108.

［5］张楠. 海藻中褐藻酸与岩藻多糖的提取分离新工艺研究［D］. 哈尔滨：哈尔滨工业大学，2020.

实验 14　海带多糖的提取和鉴定

简介

海带是褐藻门植物,海带多糖是海带药用价值的最集中体现,海带多糖的种类很多。[1]本实验的主要目的是掌握海带多糖的提取及测定方法,对海带多糖的提取方法有很多,碱提取法是其中的重要一种。

实验目的

1. 掌握提取海带多糖的原理和操作流程。

2. 了解多糖物质的常规纯化方法及原理。

3. 熟悉多糖含量测定的常用方法和原理。

4. 掌握苯酚-硫酸法测定多糖含量的原理及操作流程、注意事项。

实验原理

糖类在较高温度下可与浓硫酸作用脱水生成糠醛或羟甲基糖醛后,与蒽酮脱水缩合,形成糠醛的衍生物,呈蓝绿色。该物质在 490 nm 处有最大吸收,在 150 $\mu g/mL$ 范围内,其颜色的深浅与可溶性糖含量成正比。该法有很高的灵敏度。因此,可建立不同浓度标准己糖与吸光度之间的线性关系,绘制标准曲线,测定样品的吸光度值,对照标准曲线,即可获得样品中多糖的含量。[2-4]

实验材料、试剂及仪器

一、实验材料

干海带研磨成末,过 60~80 目筛。

二、实验试剂

95%乙醇;1% Na_2CO_3 溶液;95%浓硫酸;苯酚溶液(50 g/L);葡萄糖标准品;蒸馏水。

三、实验仪器

旋转蒸发装置,1 套;水浴装置,1 套;抽滤装置,1 套;紫外-可见分光光度计,1 台;锥形瓶,若干个;容量瓶,若干个;烧杯,若干个;具塞比色试管,若干个。

---操作---

一、第一周

称取过 60～80 目筛的海带粉末 1.0 g,置于 100 mL 锥形瓶中,加入 100 mL 1% Na_2CO_3 溶液,摇匀,于 80 ℃水浴加热提取 15 min,提取完毕趁热进行抽滤,保留抽滤后的滤液。滤液减压浓缩至 25 mL 左右,加入 3 倍体积的 95% 乙醇溶液,沉淀,抽滤,得到海带粗多糖,自然干燥一周。

二、第二周

(一)苯酚-硫酸法测定海带粗多糖的含量

1. 葡萄糖标准品溶液的配制:称取干燥的葡萄糖标准品 0.100 g 于小烧杯中,加少量蒸馏水溶解后,转移到 100 mL 容量瓶中,用蒸馏水定容到刻度,此溶液浓度为 1.00 mg/mL;取该溶液 10 mL 于 100 mL 容量瓶中,用水定容到刻度,该标准品溶液浓度为 100 μg/mL。

2. 绘制葡萄糖标准曲线:取标准品溶液 0.00、0.10、0.20、0.40、0.60、0.80、1.00 mL 置于 10 mL 具塞比色试管中,加蒸馏水使每管总体积为 2.0 mL,然后分别加入 1.0 mL 苯酚溶液(50 g/L),混合均匀后快速加入 95% 浓硫酸 5 mL,室温下放置 30 min,在 490 nm 下测定吸光度。以蒸馏水试管为空白对照,绘制吸光度与浓度的标准曲线。

(二)海带粗多糖含量的测定

称取第一周从海带中提取的约 50 mg 海带粗多糖于 50 mL 容量瓶中,加入约 20 mL 蒸馏水,水浴加热溶解,冷却后用蒸馏水定容到刻度,摇匀。取 0.10 mL 上述溶液,置于 10 mL 具塞比色试管中,加蒸馏水使每管总体积为 2.0 mL,然后加入 1.0 mL 苯酚溶液(50 g/L),混合均匀后快速加入 95% 浓硫酸 5 mL,室温放置 30 min,在 490 nm 下测定吸光度。从葡萄糖标准曲线中查出对应的含量,计算出海带中海带多糖的含量。

---实验结果和注意事项---

一、实验结果

1. 称量干燥后的海带粗多糖,记录重量,除以称取的干燥海带粉末的重量,计算海带粗多糖的收率。

2. 根据测得的葡萄糖标准溶液浓度及对应吸光度值,以吸光度 A 为纵坐标、葡萄糖标准溶液浓度 C 为横坐标,绘制葡萄糖标准曲线,代入实际测量得到的海带多糖的吸光度值 $A_实$,根据绘制的葡萄糖标准曲线计算出海带中海带多糖的含量。

二、注意事项

1. 水浴加热后需要趁热过滤,此时需要注意不要烫伤自己。

2. 抽滤时,要注意抽滤漏斗的斜面不能正对抽气口。

3. 旋转蒸发的时候要注意不要蒸发得太干。

4. 葡萄糖溶液接触苯酚-硫酸试剂后立即大量放热,实验操作时要注意安全。

5. 测吸光度的时候要先将两个比色皿配平,以减少误差。

思考题

1. 沉淀海带多糖的时候为何选择 95% 乙醇溶液来进行?

2. 海带多糖的理化性质有哪些?

参考文献

[1] 林晓娟,苏志琛,陈继承. 海带多糖的结构特征、生物活性及其应用[J]. 现代食品,2021(24):49-52.

[2] 尹宗美,刘俊霞,刘如男. 海带多糖的综合提取及研究进展[J]. 食品与发酵科技,2020,56(1):69-72.

[3] 李娜. 关于海带多糖的提取研究[J]. 科学技术创新,2019(14):10-11.

[4] 杨晓雪. 海带多糖综合提取纯化工艺的研究[D]. 泰安:山东农业大学,2017.

实验 15　海带甘露醇的提取、分离和鉴定

简介

甘露醇(图 15-1)为白色针状结晶,易溶于水,是从褐藻细胞中提制的一种六碳多元醇,有 D 和 L 两种构型。L 构型为合成品,自然界中不存在。D 构型在植物界分布很广泛,海带等大型褐藻是提制甘露醇的主要原料。从海带中提取的甘露醇,与烟酸合成的烟酸甘露醇酯,有明显的缓解心绞痛的作用,对高脂血症亦有较好疗效,还可治疗高胆固醇、高血压和动脉硬化等病症。甘露醇也是一种脱水剂,在医疗上可减轻组织水肿,起到利尿作用。[1]

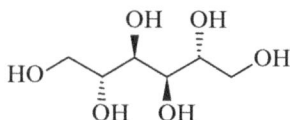

图 15-1　甘露醇($C_6H_{14}O_6$)

实验目的

1. 掌握海带中甘露醇的提取和精制方法。
2. 熟悉比色法测定甘露醇含量的方法。

基本原理

甘露醇结构中具有邻二醇结构,邻二醇可以被高碘酸钠氧化得到相应羰基化物。1 份甘露醇被高碘酸钠氧化可得到 4 份二氧化碳和 2 份甲醛,甲醛与 Nash 试剂(即乙酰丙酮试剂)反应显黄色。利用反应产物的吸光度与甘露醇浓度成正比关系,建立标准曲线来测定提取液中甘露醇的含量。

仪器材料、试剂及仪器

一、实验材料

海带粉。

二、实验试剂及配制

高碘酸钠（$NaIO_4$）；1 mol/L NaOH；浓盐酸；醋酸铵（NH_4Ac）；冰醋酸；乙酰丙酮；95% 乙醇；无水乙醇（分析纯）；甘露醇标准品；蒸馏水；pH 试纸；活性炭。

1. 高碘酸钠溶液的配制：称取 $NaIO_4$ 0.323 g，溶于 100 mL 浓度为 0.12 mol/L 的 HCl 溶液中，混匀得到。

2. Nash 试剂的配制：75.054 g NH_4Ac＋1 mL 冰醋酸＋1 mL 乙酰丙酮，再用蒸馏水稀释至 500 mL 而成。

三、实验仪器

紫外-可见分光光度计，1 台；红外光谱仪，1 台；万能粉碎机，1 台；烘箱，1 台；水浴装置，1 套；磁力搅拌器，1 台；离心机，1 台；电子天平，1 台；抽滤装置，1 套；吸量管（1 mL 和 5 mL），若干个；容量瓶，若干个；三角瓶，若干个；试管，若干个；玻璃棒，若干个。

□ 操作 □

一、海带甘露醇粗提取

取 5 g 海带粉，加入 150 mL 蒸馏水，常温搅拌提取 2 h，离心（4000 r/min，1 min），取上清液用 1 mol/L NaOH 调至 pH＝10～11，静置 30 min，4000 r/min 下离心 5 min，除去多糖类沉淀物，取上清液用 1 mol/L 盐酸中和至 pH＝6～7，静置 30 min，4000 r/min 下离心除去胶状物，得中性提取液，加热搅拌浓缩至原体积的 1/4 后，冷却至 60～70 ℃，趁热加入 2 倍量的 95% 乙醇，搅拌均匀，冷却至室温，离心（4000 r/min，5 min），得到灰白色沉淀物，干燥后即得甘露醇粗提物。

二、甘露醇标准曲线的建立[2]

1 g/L 甘露醇标准溶液的配制：准确称取 0.1 g 甘露醇标准品（记录精确重量），加蒸馏水搅拌使之充分溶解，定容至 100 mL，摇匀备用。

精确量取 1 g/L 甘露醇标准溶液，分别稀释成 0、10、20、30、40、50 mg/L，各取不同浓度标准液 1.0 mL（每个浓度做 3 次平行实验）于试管中，加入 $NaIO_4$ 溶液 1 mL，混匀，室温下放置 10 min，混匀后再加入 4 mL 新配制的 Nash 试剂。混匀，在 53 ℃ 恒温水浴中加热 15 min 使其显色，放置冷却至室温。于波长 413 nm 处测定吸光度，以蒸馏水作为空白溶液。以甘露醇标准液的浓度为横坐标、吸光度 A 为纵坐标，绘制标准曲线，拟合得出曲线方程。

三、甘露醇粗提物的含量测定

精确称取烘干的甘露醇粗提物，按照上述标准溶液的配制方法，将其配制成50 mg/L的溶液，测量其吸光度，代入曲线方程，从而计算出甘露醇粗提物的纯度（百分含量）。以蒸馏水代替试液加入同样试剂作空白对照，每个样品做三次平行实验，结果取平均值。

四、甘露醇的精制[3]

在甘露醇粗提物中加入0.9倍质量的蒸馏水，加热使其溶解，保持沸腾5 min，在不断搅拌下放冷结晶；离心分离后的第一次结晶物，再加1.0倍质量蒸馏水、0.1倍质量活性炭，加热使其溶解，保持半小时，趁热抽滤，冷却结晶；离心分离后的第二次结晶物依次用0.7倍、0.5倍质量蒸馏水按以上操作进行重结晶，结晶物用无水乙醇洗涤得精制甘露醇。

五、甘露醇的鉴定

将甘露醇标准品和精制品的红外谱图进行比较，鉴定甘露醇。

思考题

1. 海带中甘露醇的提取和纯化分别采用什么方法？
2. 除采用红外谱图对比鉴定甘露醇外，还可采用什么方法进行鉴定？

参考文献

[1] 武文洁，樊文乐. 从海带乙醇预处理液中提取纯化甘露醇的研究[J]. 食品研究与开发，2006，27(4)：16-18.

[2] 林国荣，姚剑瑞，杨杰坤. 海带多糖和甘露醇的提取工艺研究[J]. 福建水产，2014，36(3)：205-210.

[3] 晋文慧，陈伟珠，张怡评，等. D-甘露醇标准样品的研制[J]. 中南药学，2021，19(12)：2639-2644.

实验 16　海带多酚的提取、分离和鉴定

简介

海带为多年生海藻植物,具有消痰软坚散结、利水消肿等功效。《本草纲目》中有关于"海带治水病、瘿瘤,功用海藻"等的文献记载以及近来对海带中活性物质在降血压、调血脂、抗肿瘤、免疫调节、抗菌和抗病毒、抗氧化、抗糖尿病、抑制体外血栓形成等方面的报道,再次引起国内外学者对海带等海藻研究的重视。[1-3]

海带多酚(kelp polyphenol,KP)作为一类重要的褐藻多酚化合物(phlorotannin),是海带次级代谢产生的以间苯三酚为结构单元的聚合物。海带多酚具有较好的抗氧化和抑菌作用,可作为天然食品添加剂中的抗氧化剂、防腐剂等,具有重要的意义。[4]此外,海带多酚还具有抗肿瘤、抗病毒、化学防御、除臭等活性。[5]

实验目的

1. 掌握海带多酚类成分的提取方法。
2. 熟悉大孔吸附树脂色谱法分离纯化多酚类成分的操作。

基本原理

在一定的 pH 条件下,酒石酸铁能与多酚类物质生成蓝紫色或红紫色的络合物,在波长 540 nm 处有最大吸收。在适当的浓度范围内,其颜色深浅与多酚类成分的含量成正比,符合朗伯-比尔定律,从而可用分光光度法定量。

大孔吸附树脂是一种吸附性和分子筛原理相结合的分离材料。它的吸附性主要来源于范德华引力和氢键作用力;分子筛原理是由其本身多孔性结构的性质所决定的。在天然产物的分离纯化工作中,其已得到很好的应用。

实验材料、试剂及仪器

一、实验材料

干海带;大孔吸附树脂(SZ-3 型)。

二、实验试剂及配制

七水硫酸亚铁（$FeSO_4 \cdot 7H_2O$）；酒石酸钾钠；十二水磷酸氢二钠（$Na_2HPO_4 \cdot 12H_2O$）；磷酸二氢钾（KH_2PO_4）；没食子酸丙酯标准品（98%）；福林酚试剂（分析纯）；碳酸钠（分析纯）；无水乙醇（分析纯）；蒸馏水。

1. 酒石酸铁溶液的配制： 取 1 g 七水硫酸亚铁和 5 g 酒石酸钾钠，加蒸馏水溶解后定容至 1 L，配制好的溶液用棕色瓶避光于 4 ℃下保存。

2. pH 7.5 磷酸盐缓冲液的配制： 称取 23.8761 g 十二水磷酸氢二钠，加蒸馏水溶解后定容至 1 L，制成 1/15 mol/L 磷酸氢二钠溶液；称取 9.0724 g 磷酸二氢钾，加蒸馏水溶解后定容至 1 L，制成 1/15 mol/L 磷酸二氢钾溶液。取 85 mL 的 1/15 mol/L 磷酸氢二钠溶液和 15 mL 的 1/15 mol/L 磷酸二氢钾溶液，混合均匀，用 1 mol/L 氢氧化钠溶液调 pH 值至 7.5。

3. 饱和碳酸钠溶液的配制： 100 mL 蒸馏水中加入适量无水碳酸钠并充分搅拌至饱和，静置备用。

三、实验仪器

紫外-可见分光光度计，1 台；万能粉碎机，1 台；水浴装置，1 套；涡旋振荡器，1 台；离心机，1 台；电子天平，1 台；旋转蒸发仪，1 台；容量瓶（1 L，25 mL），若干个；三角瓶，若干个；比色皿，若干个。

▢ 操作 ▢

一、海带多酚粗提取

称取 20 g 干海带，经粉碎机粉碎后过 80 目筛，得到海带干粉。向海带干粉中加入 80%乙醇，在 60 ℃下提取 1 h，料液比为 1∶45，获得海带多酚提取液。

称取 5.0 g 大孔树脂（SZ-3 型），以 95%乙醇浸泡 12 h，使其充分溶胀，然后以 95%乙醇冲洗至无白色浑浊，以蒸馏水洗至中性备用；将处理后的大孔树脂置于 300 mL 三角瓶中，加 150 mL 海带多酚提取液，于 30 ℃下振荡吸附 5h 后过滤，用 40%乙醇溶液在 30 ℃下振荡解吸附 4 h 后过滤，去除杂质，获得海带多酚总量。

二、大孔树脂柱层析分离纯化海带多酚

称取 80 g 经过预处理的 SZ-3 型树脂，并用湿法装柱（3 cm×20 cm）。以 1.5 mL/min 的流速上样 175 mL 的 5 mg/mL 海带多酚提取液，上样完成后，先以 3 倍柱体积的蒸馏水洗脱并弃去洗脱液，后采用 80%乙醇溶液以 1.5 mL/min 的流速洗脱，分管收集洗脱液。测定 80%乙醇溶液对 SZ-3 型树脂吸附的多酚类物质的动态解析曲线，分段收

集,并取多酚物质含量较高的洗脱组分,浓缩,冻干,测定样品中的多酚含量。

三、海带多酚含量的测定

精确称取烘干的没食子酸丙酯标准品 0.0100 g,用蒸馏水溶解并定容到 200 mL 得到 0.5 mg/mL 的对照品标准液。用移液枪准确吸取没食子酸丙酯标准液 0.0、1.0、2.0、3.0、4.0、5.0 mL,分别置于 25 mL 容量瓶中,加蒸馏水至体积为 5 mL,再各加入 5 mL 酒石酸铁溶液,用 pH 7.5 磷酸盐缓冲液定容至 25 mL,混匀并静置 15 min。首先,在 200~800 nm 下,用紫外-可见分光光度计扫描形成的有色络合物,作出酒石酸铁反应物的紫外可见光谱图,选择出特征吸收波长 $\lambda_{\max}$。其次,用 1 cm 比色皿在该波长处测定吸光度 A。最后,以没食子酸丙酯标准液的浓度(mg/mL)为横坐标、吸光度 A 为纵坐标,绘制标准曲线。吸取样品液 5.0 mL 加入 25 mL 容量瓶中,自加入酒石酸铁溶液开始按绘制标准曲线的操作步骤测定吸光度,用标准曲线计算样品中的多酚含量。以蒸馏水代替试液加入同样试剂作空白对照,每个样品做三次平行实验,结果取平均值。

四、提取液总多酚提取率的测定

在测定海带多酚提取率的过程中,可按如下公式计算提取率 T:

$$T(\%) = S \times \frac{V}{M} \times 100\%$$

式中:S——多酚浓度,mg/mL,可通过标准曲线法将样品吸光度换算成溶液浓度;

    V——提取液体积,mL;

    M——海带原料质量,mg。

思考题

1. 海带多酚分离纯化中使用了大孔吸附树脂,除此外,还有哪些方法可以用于分离?

2. 除上述实验所提及的酒石酸铁法能测定总多酚含量外,还有无其他方法?若有,该方法的原理和特点是什么?

参考文献

[1] 张怡评,杨婷,张红红,等. 海带多酚的提取分离纯化工艺研究[J]. 药学研究,2021,40 (10):641-644.

[2] 杨会成. 海带(*Laminaria japonica Aresch*)多酚的提取、分离及其抗肿瘤、抗菌活性研究[D].青岛:中国海洋大学,2008.

［3］于曙光. 褐藻多酚化合物提取、纯化及生物活性研究［D］. 青岛：青岛大学，2003.

［4］武文洁，樊文乐，衣守志. 海带综合利用研究［J］. 食品科技，2006(1)：49-52.

［5］Vaher M，Koel M. Separation of polyphenolic compounds extracted from plant matrices using capillary electrophoresis［J］. Journal of Chromatography A，2003，990(1-2)：225-230.

实验 17　蓝藻聚酮类化合物的提取、分离和鉴定

简介

在藻类中，蓝藻是最简单、最原始的单细胞生物，是原核生物。蓝藻又称蓝细菌、蓝绿菌、蓝绿藻、黏藻。大多数蓝藻的细胞壁外面有胶质衣，故被称为黏藻。蓝藻不具叶绿体、线粒体、高尔基体、中心体、内质网和液泡等细胞器，唯一的细胞器是核糖体；含叶绿素 A、数种叶黄素和胡萝卜素；还含有藻胆素，故其细胞大多呈蓝绿色。

蓝细菌是蓝藻的学名，蓝藻的次级代谢产物可分为聚酮类、脂类、肽类、生物碱等，由于结构新颖且具有多种生物活性而成为海洋新型药物研发的热点。在部分蓝藻内部的特定区域存有蓝藻毒素，蓝藻毒素分为很多种，根据作用部位可分为肝毒素、神经毒素和皮肤毒素等。当蓝藻细胞破裂或死亡时，毒素就会被释放到水中，当暴露在含有蓝藻毒素的湖水中时，虽然一部分人会生病，但是饮用含有受污染藻类的水却未必会导致死亡。若长期地暴露在含有蓝藻肝毒素的水中，即使含量较低，也有可能对人体产生长期的或慢性的不利影响；若不断地摄入含有蓝藻的水，则可能会出现头痛、发烧、腹泻、腹痛、反胃或者呕吐等症状。如果在受污染的水中游泳，也有可能会出现眼睛、皮肤受到刺激等症状。如 1968 年夏季在日本冲绳岛发生过所谓"游泳痒"事件，游泳者中毒症状是皮肤发痒、斑疹、皮肤烧灼感、起水疱、深部糜烂。类似的海水浴皮炎事件 1980 年夏季在夏威夷的瓦胡岛也曾发生过。此种皮炎由一种海洋蓝藻——巨大鞘丝藻（*Lyngbya majuscula*）产生的毒素所致。这种毒素最初在海兔体内被发现，故命名为海兔毒素。海兔毒素类化合物是具有聚酮类结构的皮肤毒素，因其具有致炎、抗肿瘤、抗菌、抗病毒等多种生物活性，而在蓝藻毒素的研究中受到广泛关注。因此从海洋蓝藻中分离、提取与鉴定海兔毒素类似物具有重要意义，为疾病的治疗提供新的可能。[1-3]

实验目的

1. 掌握从蓝藻中提取聚酮类化合物的方法。
2. 掌握海洋活性物质的提取、分离、纯化的常规方法与现代先进技术的基本理论。
3. 熟悉各类分离纯化仪器的使用方法。

基本原理

在容器中加入提取溶媒（水、乙醇或其他有机溶剂等），将蓝藻根据需要粉碎或切成

颗粒状,放入提取溶媒中,然后将容器封闭并放入超声仪中。超声波在提取溶媒中产生的"空化效应"和机械作用一方面可有效地破碎蓝藻的细胞壁,使有效成分呈游离状态并溶入提取溶媒中,另一方面可加速提取溶媒的分子运动,使得提取溶媒和药材中的有效成分快速接触,相互混合。

　　蓝藻聚酮类化合物的提取过程涉及萃取、固相萃取等提取技术,以及薄层色谱、高效液相色谱等分析技术。这些技术在不同阶段发挥不同作用,相互补充,共同实现对目标化合物的提取、净化和分析。通过综合运用这些技术,可以高效、准确地从蓝藻中提取出聚酮类化合物,并对其进行深入研究和应用。在蓝藻聚酮类化合物的提取过程中,萃取是初步分离和富集目标化合物的关键步骤。它使用特定的溶剂,根据"相似相溶"原理,从蓝藻样品中提取出含有聚酮类化合物的混合溶液。在萃取后,固相萃取(SPE)技术可以用于进一步净化和富集目标化合物。SPE通过固体吸附剂选择性吸附目标化合物,去除杂质,提高样品的纯度和回收率。薄层色谱(TLC)在蓝藻聚酮类化合物的提取过程中,主要用于初步分析和鉴定提取物的组成。TLC通过吸附剂对混合物中各组分吸附能力的不同进行分离,并可以通过视觉直接观察到各组分的位移。

　　薄层色谱(thin layer chromatography,TLC)又称薄层层析,属于固液吸附色谱,是一种微量、快速而简单的色谱法。由于各种化合物的极性不同,吸附能力不相同,在硅胶板上随着展开剂移动,进行不同程度的分离。硅胶板是极性吸附剂,根据"相似相溶"原理,如选择极性大的展开剂,展开剂与硅胶吸附能力增强,组分相对吸附能力下降,容易被洗脱下来。

　　液液萃取(liquid-liquid extraction)是指利用化合物在两种互不相溶(或微溶)的溶剂中溶解度或分配系数的不同,使化合物从一种溶剂内转移到另一种溶剂中,从而将绝大部分的化合物提取出来的方法。根据极性由小到大依次对蓝藻粗提物用石油醚、二氯甲烷、乙酸乙酯等进行萃取。

　　固相萃取(solid phase extraction,SPE)是近年发展起来的一种样品预处理技术,由液固萃取和柱液相色谱技术发展而来,主要用于样品的分离、纯化。与传统的液液萃取法相比较,固相萃取可以提高分析物的回收率,更有效地将分析物与干扰组分分离,减少样品预处理过程,操作简单、省时省力。较常用的方法是使样品溶液通过固相吸附柱(床),保留其中的被测物质,再选用适当强度的溶剂冲去杂质,然后用少量溶剂迅速洗脱被测物质,从而达到快速分离、净化与浓缩的目的。

　　高效液相色谱(high performance liquid chromatography,HPLC)是色谱法的一个重要分支,以液体为流动相,采用高压输液系统,将具有不同极性的单一溶剂或不同比例的混合溶剂、缓冲液等流动相泵入装有固定相的色谱柱,在柱内各成分被分离后,进入检测器进行检测,从而实现对试样的分析。该方法已广泛应用于医药分析、法医鉴定、环境分析、食品安全、化工等领域。

　　液质联用(liquid chromatograph/mass spectrometer,LC/MS)又叫液相色谱-质谱联

用技术,它以液相色谱为分离系统、质谱为检测系统,样品在质谱部分和流动相分离,被离子化后,经质谱的质量分析器将离子碎片按质量数分开,经检测器得到质谱图。液质联用体现了色谱和质谱优势的互补,将色谱对复杂样品的高分离能力,与质谱具有高选择性、高灵敏度及能够提供相对分子质量与结构信息的优点结合起来,在药物分析、食品分析和环境分析等许多领域得到了广泛的应用。

仪器试剂

一、实验材料

蓝藻。

二、实验试剂

香草醛(显色剂);甲醇;二氯甲烷;石油醚;乙酸乙酯;正己烷;乙腈;超纯水。

三、实验仪器

超声仪,1 台;紫外灯,1 台;旋转蒸发仪,1 台;电子天平,1 台;液质联用仪,1 台;高效液相色谱仪,1 台;正相固相萃取小柱,1 个;反相固相萃取小柱,1 个;1000 mL 不锈钢桶,1 个;锡箔纸,1 卷;层析缸,1 个;电吹风机,1 个;电热板,1 个;250 mL 量筒,1 个;1000 mL 分液漏斗,若干个;2000 mL 锥形瓶,若干个;1000 mL 锥形瓶,若干个;100 mL 锥形瓶,若干个;1000 mL 烧杯,若干个;漏斗,若干个;西林瓶,若干个;毛细管,若干个;脱脂棉,若干;薄层色谱板,若干个。

操作

一、海洋蓝藻的粗提

1. 将干蓝藻进行称重,记录干蓝藻重量(约 32 g)。

2. 用剪刀将蓝藻剪碎,长约 1 cm,放入 1000 mL 不锈钢桶内,加入 300 mL 甲醇-二氯甲烷(1∶1,V/V)混合溶剂,浸没样品。

3. 将不锈钢桶用锡箔纸封住,放入超声仪中超声 1 h。

4. 超声结束后取出,将不锈钢桶中的第一次超声粗提液缓慢倒入烧杯中,取出 2 mL 放入西林瓶中并贴上标签 1♯,然后在漏斗中加入脱脂棉,将烧杯中的剩余粗提液通过漏斗过滤到 2000 mL 锥形瓶中。

5. 加入与第一次超声后等量的甲醇-二氯甲烷(1∶1,V/V)混合溶剂进行第二次超声,取第二次超声粗提液 2 mL 放入西林瓶中,标记为 2♯,然后将剩余粗提液过滤转移到 2000 mL 锥形瓶中。

6. 重复步骤5，直至粗提液颜色变浅至无色，通常需要进行8～9次超声。

7. 将西林瓶中最终的粗提液加少量甲醇溶解，用毛细管进行点样，然后放入层析缸中，进行薄层色谱层析，展开剂为二氯甲烷-甲醇($20:1$,V/V)混合溶液。

8. 跑板结束后，用电吹风机吹干，然后放到紫外灯下观察，拍照记录，然后将板刷上显色剂(香草醛)，用电吹风机吹干，放到电热板上加热显色，显色后拍照记录，用透明胶带封住板。如最后一次提取液在板上仍有明显条带，则继续进行超声提取。

9. 超声结束后，将所有的粗提液进行旋蒸得到最后的总浸膏，称重记录数据。

二、海洋蓝藻的萃取

1. 为充分提取浸膏中的有效成分，用纯甲醇与浸膏进行充分混合，确保浸膏尽可能地被溶解。待溶解完成后，将所得的溶液小心地倒入1000 mL分液漏斗中。为确保浸膏被完全提取，使用纯甲醇对这个容器进行三次清洗，并将清洗后的甲醇溶液也一并倒入分液漏斗中。为了调整溶液的浓度和体积，将再次向分液漏斗中加入适量纯甲醇与水。通过精确的计量和混合，将分液漏斗中的溶剂配制成浓度为90%的甲醇溶液，并且确保总体积达到200 mL。

2. 向分液漏斗中加入200 mL石油醚-甲醇-水混合液($10:9:1$,$V/V/V$)，将分液漏斗倾斜摇晃一次，然后打开上端玻璃瓶塞放气，重复2～3次。静置10 min，分层；上层为石油醚相，下层为甲醇相，分别保存石油醚相和甲醇相。将石油醚相接到1000 mL锥形瓶内，再向分液漏斗中加入200 mL石油醚-甲醇-水混合液再次萃取，重复4～5次。将石油醚相的萃取液旋蒸，称重，放入100 mL锥形瓶保存。

3. 将所得的甲醇相放入分液漏斗并加入100 mL甲醇，再加入300 mL二氯甲烷，将分液漏斗倾斜摇晃一次，然后打开上端玻璃瓶塞，重复2～3次。静置10 min，分层；上层为90%的甲醇相，下层是二氯甲烷相。将二氯甲烷相接到另一个1000 mL锥形瓶中，向分液漏斗中加入300 mL二氯甲烷再次萃取，重复4～5次。将二氯甲烷相的萃取液旋蒸，称重，放入100 mL锥形瓶保存。

4. 300 mL 60%甲醇中加入300 mL乙酸乙酯进行萃取，将分液漏斗倾斜摇晃一次，然后打开上端玻璃瓶塞，重复2～3次。静置20～30 min，分层；上层是乙酸乙酯相，下层是甲醇相。将乙酸乙酯相另接到1000 mL锥形瓶中。向分液漏斗中加入300 mL乙酸乙酯再次萃取，重复3次。将乙酸乙酯相的萃取液旋蒸，称重，放入100 mL锥形瓶保存。

5. 分别将石油醚相、二氯甲烷相、乙酸乙酯相及收集到的所有甲醇相用甲醇溶解后再点板，进行薄层分析。实验结果拍照，紫外灯下观察拍照记录。

三、海洋蓝藻的固相萃取

1. 将二氯甲烷相样品用尽量少的甲醇溶解，待萃取。

2. 正相固相萃取柱活化(以 500 mg/6 mL 为例):往正相柱上加入 5 mL 乙酸乙酯,抽真空,弃洗脱液,再用 5 mL 正己烷重复活化,操作该步骤时不要让吸附剂干涸。

3. 往正相柱上加样品 1 mL,待样品吸附至柱子上,加入 5 mL 正己烷淋洗,抽真空,弃洗脱液。

4. 将收集管放在正相柱下,在正相柱上进行梯度洗脱,采用正己烷-乙酸乙酯液(5∶1,V/V)、正己烷-乙酸乙酯液(1∶1,V/V)、正己烷-乙酸乙酯液(1∶5,V/V)、乙酸乙酯、甲醇各 10 mL 洗脱,抽真空并用 100 mL 锥形瓶收集每一梯度的洗脱液。洗脱液旋蒸,称重。

5. 将所得的 5 个组分点板,拍照记录,并将正相萃取所得的 5 个组分用少量甲醇溶解。

6. 反相固相萃取柱活化:往反相柱上加入 5 mL 甲醇,抽真空,弃洗脱液,再用 5 mL 水重复活化,该步骤不要让吸附剂干涸。

7. 上样:往反相柱上加入样品 1 mL(尽量少体积),抽真空,弃洗脱液,再加 5 mL 水淋洗,抽真空,并弃洗脱液。

8. 将收集管放在反相柱下,在反相柱上进行梯度洗脱,采用 50% 甲醇、80% 甲醇、100% 甲醇各 10 mL 洗脱,抽真空并用 100 mL 锥形瓶收集每一梯度的洗脱液。洗脱液旋蒸,称重,并采用薄层层析法点板,记录数据。

四、海洋蓝藻的鉴定

1. 将每个样品用少量甲醇溶解并过滤。

2. 采用液质联用仪,流动相为乙腈-水系统(10%~100%),进样量为 0.1~0.2 mg/10 μL。

3. 液相图中有明显的吸收峰,可借助 LC/MS 确定其分子量;再通过核磁共振波谱、红外光谱、紫外光谱等方法确定其结构。

思考题

1. 简述在本实验中用到的薄层层析色谱的原理(以正相硅胶板为例)、固相萃取(硅胶作为吸附剂)的原理及方法步骤。

2. 按参与萃取的组分状态,萃取共分为哪两种方式? 这两种方式的原理是什么?

3. 提取过程中为什么会出现乳化现象? 如出现乳化现象,应该怎么做?

参考文献

[1] Shen S, Wang W, Chen Z, et al. Absolute structure determination and Kv1.5 ion channel inhibition activities of new debromoaplysiatoxin analogues[J]. Marine Drugs, 2021, 19(11): 630.

［2］Zhang H H，Zhang X K，Si R R，et al. Chemical and biological study of novel aplysiatoxin derivatives from the marine cyanobacterium *Lyngbya* sp.［J］. Toxins，2020，12(11)：733.

［3］张慧慧.海洋蓝藻毒 Aplysiatoxins 结构多样性及生物活性研究［D］. 杭州：浙江理工大学，2021.

实验 18　马尾藻褐藻黄素的提取、分离和鉴定

简介

褐藻黄素(fucoxanthin)又称岩藻黄素或岩藻黄质,为红褐色粉末,是褐藻中特有的类胡萝卜素类成分,具有抗癌、减肥、调节血糖等多种生物功能。褐藻黄素密度约为 1.09 g/cm^3,熔点为 $166\sim168$ ℃,不溶于水,易溶于乙醇,也溶于三氯甲烷、正己烷、石油醚等有机溶剂。在暗处和低温下比较稳定,在酸碱、强光和高温条件下易被破坏,所以提取和保存时要避光及避免高温环境。[1-4]

褐藻黄素的分子量为 658.91,分子式为 $C_{42}H_{58}O_6$,结构式如图 18-1 所示。

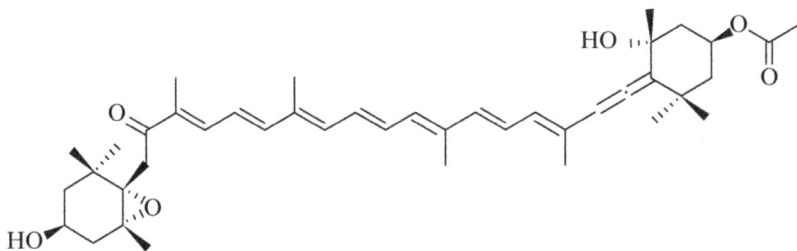

图 18-1　褐藻黄素的结构式

实验目的

1. 掌握溶剂提取法提取褐藻黄素的原理和方法。

2. 掌握低温浓缩技术纯化褐藻黄素的原理和方法。

3. 熟悉薄层色谱法的原理和技术。

基本原理

褐藻黄素属于类胡萝卜素类化合物,在叶绿体的类囊体中和叶绿素 a 一起与某些蛋白质组装成为褐藻黄素-叶绿素 a-蛋白质复合体;褐藻黄素不溶于水,易溶于乙醇,高浓度乙醇可以破坏褐藻细胞结构,溶解叶绿素和褐藻黄素。因此,可以用高浓度乙醇提取褐藻黄素和叶绿素,在浓缩过程中去除叶绿素,得到褐藻黄素。

薄层色谱法(thin layer chromatography,TLC)又称薄层层析,是一种用于分离混合物的色谱技术。薄层色谱法是一种吸附薄层色谱分离法,它利用各成分对同一吸附剂

的吸附能力不同,在移动相(溶剂)流过固定相(吸附剂)的过程中,连续地产生吸附、解吸附、再吸附、再解吸附,从而达到各成分互相分离的目的。由于各种化合物的极性不同,吸附能力不相同,在展开剂上移动,进行不同程度的解析,根据原点至主斑点中心及展开剂前沿的距离,计算比移值(R_f)。

实验材料、试剂及仪器

一、实验材料

冷冻褐藻。

二、实验试剂

纯水;无水乙醇(分析纯);甲醇(分析纯);石油醚(分析纯);丙酮(分析纯);褐藻黄素标准品。

三、实验仪器

电子天平,1 台;烘箱,1 台;电动搅拌器,1 个;旋转蒸发仪,1 台;剪刀,1 把;纱布,1 卷;纱绢,1 卷;锡箔纸,1 卷;酒精计,1 只;称量瓶,1 个;1000 mL 锥形瓶,1 个;1000 mL 烧杯,1 个;量筒(100 mL、500 mL、1000 mL),各 1 个;陶瓷托盘,1 个;2000 mL 圆底烧瓶,1 个;GF254 薄层硅胶板(青岛海洋化工厂),1 个;薄层层析缸(10 cm×10 cm),1 个;直尺,1 把;棉花,若干;滤纸,若干;自封袋,若干;粗线手套,若干;橡胶手套,若干;铅笔,若干;点样毛细管,若干。

操作

一、褐藻的预处理

称取冰冻的褐藻原料 400 g,在 1000 mL 烧杯中反复用自来水冲洗化冻。化冻后再清洗 5 次,保证褐藻表面没有明显的杂物,且清洗后用水较清;用纱布擦干褐藻表面水分,在陶瓷托盘中,用剪刀将褐藻剪成 1 cm 左右小段,再用纱布擦拭表面水分。

二、褐藻含水量的测定

称得称量瓶重量为 G_0,称取处理后的褐藻 5 g 左右于称量瓶中,称取总重量为 G_1。称量瓶置于烘箱中,105 ℃下烘干 4 h。烘干后取出(注意戴粗线手套操作),称得总重量为 G_2。

含水量计算公式如下:

$$含水量（\%）=\left(1-\frac{G_2-G_0}{G_1-G_0}\right)\times100\%$$

三、褐藻黄素的提取

取 200 g 预处理过的褐藻小段，置于 1000 mL 锥形瓶中，加入 80% 乙醇溶液（120 mL 纯水＋480 mL 无水乙醇，摇匀），用锡箔纸包裹锥形瓶。用电动搅拌器搅拌 2 h，120 r/min。提取完后用纱绢过滤提取液，滤渣另外保存，滤液待用。

四、提取液的浓缩

滤液倒入 2000 mL 圆底烧瓶，在旋转蒸发仪中减压浓缩，浓缩温度为 20 ℃。浓缩过程中多次测量酒精度，当酒精度为 55%～57% 时，纱绢过滤，滤渣为叶绿素，另外保存。滤液继续减压浓缩，浓缩过程中多次测量酒精度，当酒精度为 36%～39% 时，纱绢过滤，滤渣为褐藻黄素，滤液另外保存。

注：实验过程避免强光和高温；烘箱和旋转蒸发仪要在实验教师的指导下进行操作，不可乱动。

五、薄层色谱鉴定

1. 点样：取薄层板，距下端 2 cm 处用铅笔画线，为起始线，点样，样品之间的间隔为 1.5～2 cm。层析过程中必须密盖，薄层板浸入溶剂 1 cm，上行展开。当展开剂上升到薄层的前沿（离前端 5～10 mm）或多组分已明显分开时，取出薄层板放平晾干，用铅笔画出溶剂前沿的位置。

样品 a：褐藻黄素标准品甲醇溶液。

样品 b：实验纯化得到的褐藻黄素甲醇溶液。

展开剂：石油醚-丙酮系统（2∶1，V/V）、石油醚-丙酮系统（1∶1，V/V）、石油醚-丙酮系统（1∶2，V/V）。

2. 显色：可见光下观察色斑。

3. 记录斑点数目、颜色，测量 R_f 值并绘图。

思考题

1. 类胡萝卜素类化合物有哪些提取方法？褐藻黄素的提取还有什么方法？

2. 薄层层析的优点有哪些？

3. 褐藻黄素还有哪些鉴别方法？

参考文献

[1] Yan X, Zhang J, He S, et al. The new products from brown seaweeds:

Fucoxanthin and phlorotannins［M］//Rao A R，Ravishankar G A. Sustainable Global Resources of Seaweeds Volume 2：Food，Pharmaceutical and Health Applications. Cham,Switzerland:Springer,2022:181-202.

［2］Oliyaei N，Moosavi N M，Tanideh N，et al. Multiple roles of fucoxanthin and astaxanthin against Alzheimer's disease：Their pharmacological potential and therapeutic insights［J］. Brain Research Bulletin, 2023,193:11-21.

［3］ Hosokawa M，Miyashita T，Nishikawa S，et al. Fucoxanthin regulates adipocytokine mRNA expression in white adipose tissue of diabetic/obese KK-A^y mice［J］. Archives of Biochemistry and Biophysics，2010，504(1):17-25.

［4］Li D，Liu Y，Ma Y，et al. Fabricating hydrophilic fatty acid-protein particles to encapsulate fucoxanthin：Fatty acid screening, structural characterization, and thermal stability analysis［J］. Food Chemistry，2022,382:132311.

实验 19　红藻类胡萝卜素的提取、分离和鉴定

简介

紫菜(*Porphyra sensu lato*)是生长在潮间带的大型海藻,隶属于红藻门、红藻纲、红毛菜亚纲、红毛菜目、红毛菜科,广泛分布在寒带到亚热带的潮间带。在我国,条斑紫菜和坛紫菜是主要的人工栽培品种,是江苏、浙江和福建省的主要潮间带大型经济海藻。坛紫菜具有很高的营养价值和药用价值,含有丰富的多糖、蛋白质、矿物质、膳食纤维、多种维生素以及类胡萝卜素等活性物质,具有抗肿瘤、延缓衰老、降血脂、抗氧化、增强免疫等功效。

类胡萝卜素是地球上第二丰富的天然色素,在自然界的分布极其广泛,从最原始的细菌、藻类到高等植物,从水产生物到高等哺乳动物,其中藻类和高等植物是类胡萝卜素的主要生产者,也是动物体内类胡萝卜素的主要来源。目前发现,紫菜中的类胡萝卜素有α-胡萝卜素、β-胡萝卜素、ε-胡萝卜素、α-隐黄质、β-隐黄质、叶黄素、玉米黄素和环氧玉米黄素,其中以β-胡萝卜素为主,占总类胡萝卜素的28.1%。自1831年橙黄色的β-胡萝卜素获得首次分离起,关于类胡萝卜素的研究逐渐成为人们感兴趣的研究领域之一,越来越多的类胡萝卜素逐渐被发现。类胡萝卜素种类众多,通常呈现亮橙色、橙黄色、黄色或黄红色等,其色彩鲜亮、着色力强,常作为膳食补充剂或饲料添加剂使用;同时具有抗氧化、抗肿瘤、缓解衰老等生物活性,有较高的药用价值。随着消费者对天然产品和健康食品的需求不断增长,功能性食品和保健品市场规模逐渐扩大,一些类胡萝卜素类化合物,包括β-胡萝卜素、叶黄素、玉米黄素以及虾青素等在欧美等国及日本已形成市场。其中β-胡萝卜素的全球年需求量高达1500吨,并以较高速率增长,同样,我国对类胡萝卜素的需求量也在逐年增加。2022年,全球类胡萝卜素市场规模达16.99亿美元,年增长率为3.9%。这一趋势是由类胡萝卜素作为天然色素和生物活性成分在食品、饲料、保健品和药妆等不同市场的广泛应用所推动的。

实验目的

1. 掌握坛紫菜中类胡萝卜素成分的提取方法。

2. 熟悉液相色谱法的分离、分析过程及定性、定量方法。

基本原理

　　类胡萝卜素是一种脂溶性的有机色素,性质非常活跃,在氧气、光照及高温环境下极易发生氧化反应或结构异构化,易溶解于非极性有机溶剂,如丙酮、氯仿、二氯甲烷及乙酸乙酯等,在极性溶剂中溶解度差,不溶于水。类胡萝卜素常见的提取方法包括有机溶剂浸提法、微波/超声辅助提取法、加压液体提取法和超临界流体提取法等。[1]有机溶剂浸提法是从动植物组织中提取类胡萝卜素最常用的方法,萃取效率与组织颗粒大小、萃取温度、萃取时间和萃取溶剂密切相关。因此,在进行有机溶剂萃取前,需要事先对组织进行冷冻干燥和液氮研磨,以加快有机溶剂对组织中类胡萝卜素的溶解速度。此外,有机溶剂的选择是类胡萝卜素提取的关键条件之一。考虑到类胡萝卜素的脂溶性属性,现有方法多采用石油醚、丙酮、乙酸乙酯、氯仿、正己烷的单一有机试剂或二元、三元混合溶液作为提取溶剂。[2]

　　高效液相色谱-紫外法(HPLC-UV)是利用类胡萝卜素具有的紫外光谱特性,进行类胡萝卜素研究最为广泛的检测手段之一。类胡萝卜素结构中具有长共轭双键链的生色基团,所以在紫外光谱中会形成三个最大吸收峰,俗称"三指峰"的特征谱图,具有灵敏度高、分离速度快、分离效果好等特点。[3]目前,多采用反相 C_8、C_{18} 和 C_{30} 色谱柱,或者 IC 柱、OD 柱等手性柱,通过优化流动相属性及其梯度对类胡萝卜素进行分离,最后通过与标准溶液保留时间进行比对和标准曲线法,完成类胡萝卜素的定性、定量分析。反相 C_{18} 固定相是液相色谱中应用最广泛和最有效的填料,尤其适合短链和低分子量目标化合物的保留与分离。[4]

实验材料、试剂及仪器

一、实验材料

　　坛紫菜。

二、实验试剂及配制

　　α-胡萝卜素、β-胡萝卜素和叶黄素标准品;2,6-二叔丁基对甲酚(BHT,色谱纯);丙酮(色谱纯);甲醇(色谱纯);乙腈(色谱纯);二氯甲烷(色谱纯);乙酸铵(色谱纯)。

　　0.1% BHT-丙酮溶液的配制:准确称取 0.1 g BHT,加入 10 mL 丙酮溶液,溶解后,用丙酮溶液定容至 100 mL 棕色容量瓶,避光于 4 ℃ 下保存。

三、实验仪器

　　高效液相色谱仪,1 台;冷冻干燥机,1 台;超纯水系统,1 台;低温高速离心机,1 台;涡旋振荡器,1 台;超声仪,1 台;Syncronis C_{18} 色谱柱(2.1 mm × 100 mm,3.5 μm),1 个;

分析天平,1台;锡箔纸,1卷;移液器,若干;液相进样瓶,若干;玻璃离心管,若干;PTFE滤膜,若干。

操作

一、坛紫菜中类胡萝卜素的提取

取适量坛紫菜,用液氮速冻,将其置于冷冻干燥机中至恒重,然后使用液氮研磨成干粉。准确称取 10 mg 坛紫菜干粉,放入 5 mL 玻璃离心管,并加入 1 mL 含 0.1% BHT-丙酮溶液的甲醇-二氯甲烷(1:1, V/V)混合溶液,混匀。将离心管用锡箔纸包裹避光,超声功率 500 W,辅助提取 15 min,低温离心 10 min,离心速度 1200 r/min。取上清液,过 PTFE 滤膜,待测。全程避光,保持低温。

二、标准溶液配制

精确称取 α-胡萝卜素、β-胡萝卜素和叶黄素标准品粉末各 1.0 mg,加入 5 mL 0.1% BHT-丙酮溶液,溶解后分别得到浓度为 0.2 mg/mL 的母液,放置于 −80 ℃ 下避光保存。测样前,取上述 3 种类胡萝卜素标准品母液各 0.5 mL,分别加入 0.5 mL 甲醇-二氯甲烷(1:1, V/V)溶液,混匀得到 100 μg/mL 标准溶液,后经 0.22 μm 的 PTFE 滤膜过滤,待用。分别取上述 100 μg/mL 标准溶液各 0.5 mL,加入 0.5 mL 甲醇-二氯甲烷(1:1, V/V)混合溶液配制 50 μg/mL 工作溶液。按照相似步骤,逐级稀释成 25、10、5、1 μg/mL 的工作溶液。最后,将 100、50、25、10、5、1 μg/mL 的工作溶液分别放置于棕色进样瓶中,待用。

三、高效液相色谱分离类胡萝卜素

1. 打开高效液相色谱仪,接上 Syncronis C_{18} 色谱柱,设置柱温 30 ℃、流速 0.3 mL/min,流动相 A 为 50% 10 mmol/L 乙酸铵水溶液,流动相 B 为 50%乙腈-甲醇 (7:3, V/V)溶液,按照 50%流动相 A 和 50%流动相 B 的比例平衡仪器 30~60 min。

2. 设置色谱洗脱程序:Syncronis C_{18}色谱柱(2.1 mm×100 mm,3.5 μm);流动相: 50%流动相 A+50%流动相 B,其中流动相 A 为 10 mmol/L 乙酸铵水溶液,流动相 B 为 乙腈-甲醇(7:3, V/V)溶液;柱温:30℃;流速:0.3 mL/min;进样量:5 μL;紫外检测波长:450 nm。

3. 液相色谱梯度洗脱程序如表 19-1 所示。

表 19-1　液相色谱梯度洗脱程序

时间/min	流动相 A/%	流动相 B/%
0	50	50

时间/min	流动相 A/%	流动相 B/%
10	0	100
40	0	100
40.1	50	50
45	50	50

将 100、50、25、10、5、1 $\mu g/mL$ 的 α-胡萝卜素、β-胡萝卜素和叶黄素标准品溶液,以及坛紫菜类胡萝卜素提取液,按照上述色谱条件进样和分离,获得各自的色谱图。

四、坛紫菜中类胡萝卜素的定性和定量分析

根据上述标准品和样品的色谱图,以及保留时间和峰面积进行定性、定量分析。通过比对标准品和样品色谱峰保留时间,确定坛紫菜中 α-胡萝卜素、β-胡萝卜素和叶黄素的色谱峰。分别以 α-胡萝卜素、β-胡萝卜素和叶黄素标准品的浓度为横坐标,以标准品的色谱峰面积为纵坐标,绘制三条标准工作曲线,获得线性方程式,作为目标物定量的依据:

$$Y = kX + b$$

式中:Y——标准品色谱峰面积;

X——标准品浓度,$\mu g/mL$;

k——比例常数;

b——截距。

将已确定的坛紫菜中 α-胡萝卜素、β-胡萝卜素和叶黄素色谱峰的峰面积 $Y_{色素}$ 代入线性方程式,计算其浓度 $X_{色素}$ 和类胡萝卜素在坛紫菜中的百分含量。

$$百分含量(\%) = \frac{X \times V}{1000 \times M} \times 100\%$$

式中:X——计算得到的坛紫菜中的类胡萝卜素浓度,$\mu g/mL$;

V——坛紫菜中类胡萝卜素提取液的体积,mL;

M——坛紫菜粉末的重量,mg。

思考题

1. 类胡萝卜素在 C_{18} 色谱柱中的分离原理是什么?

2. 除了液相色谱法外,类胡萝卜素还有无其他定性、定量方法?

参考文献

[1] Pasquet V, Chérouvier J-R, Farhat F, et al. Study on the microalgal pigments

extraction process：Performance of microwave assisted extraction［J］. Process Biochemistry，2011，46(1)：59-67.

［2］潘海斌,唐欣怡,陈海敏,等.坛紫菜叶状体和丝状体中的类胡萝卜素组成分差异［J］.水产学报,2024,48(11):97-107.

［3］孔谦,黄文洁,吴绍文,等.一种同时测定十种类胡萝卜素的液相色谱方法的建立［J］.生物技术通报,2022,38(11):80-89.

［4］Li S，Tang X，Lu Y，et al. An improved method for the separation of carotenoids and carotenoid isomers by liquid chromatography-mass spectrometry［J］. Journal of Separation Science，2021，44：539-548.

实验 20　红树植物老鼠簕中化学成分的提取和鉴定

简介

老鼠簕(*Acanthus ilicifolius* L.)为爵床科老鼠簕属植物,又名老鼠怕、软骨牡丹、蚧瓜等,其性寒、味淡,全株或根入药,为红树林重要的药用植物之一,与其他红树林植物共生于海滩及浅海中。全世界共有 50 种,其中属于红树林的老鼠簕、小花老鼠簕(*A. ebracteatus* Vahl)和厦门老鼠簕(*A. xianmensis* Zhang)主要分布在我国广西、广东、海南、台湾、福建和浙江南部沿海海岸。民间广泛用于治疗急慢性肝炎、淋巴结肿大、急性肝脾疼痛、哮喘、黄疸、胃痛、风湿病、麻痹症、蛇伤等,有镇痛、抗感染和消肿解毒等作用。现代药理研究表明,老鼠簕具有抗氧化保肝、抗炎镇痛、抗肿瘤和抗菌等活性。老鼠簕所含化学成分主要有生物碱、黄酮类、皂苷、甾醇类化合物,其中生物碱是老鼠簕中具有代表性的次级代谢产物,是其抗感染、止痛活性的主要物质基础。[1]

实验目的

1. 熟悉海洋天然产物化学成分预实验的原理、方法及结果的判断。
2. 掌握老鼠簕中的生物碱成分 2-苯并噁唑啉酮的定性鉴别方法。

基本原理

海洋生物体内的化学成分比较复杂,总成分含量少,有效成分含量低。同一种海洋生物中往往含有多种结构类型的化学成分,在分离海洋药用活性化学成分时,一般需要经过生物活性筛选。在着手研究其化学成分时,就要借助预实验,检测其大致含有哪种或哪些类型的化学成分,以便选用合适的分离手段和方法进行下一步化学成分的分离和分析。

预实验的原理是根据各部位可能含有的化学成分类型,选择各类成分特有的化学反应,如颜色反应、沉淀反应、荧光性质等做一般定性预实验。

老鼠簕中的生物碱成分 2-苯并噁唑啉酮的紫外吸收波长为 270 nm,可采用高效液相色谱法对其进行定性分析。[2]

实验材料、试剂及仪器

一、实验材料

老鼠簕。

二、实验试剂

乙腈(色谱纯);甲醇(色谱纯);超纯水;乙酸乙酯;甲醇;乙醇;Molisch 试剂;醋酐;浓硫酸;碘化铋钾试剂;三氯化铁;镁粉;盐酸;碘化汞钾;碘-碘化钾;2-苯并噁唑啉酮标准品。

三、实验仪器

高效液相色谱仪,1 台;电子天平,1 台;旋转蒸发仪,1 台;超声波清洗器,1 台;恒温水浴装置,1 套;抽滤装置,1 套;漏斗,1 个;具塞试管,若干;滤纸片,若干;pH 试纸,若干;0.45 μm 微孔滤膜,若干;圆底烧瓶,若干;容量瓶,若干;具塞锥形瓶,若干。

操作

一、化学成分预实验

(一)样品的制备

1. 老鼠簕乙醇提取液:称取 2 g 老鼠簕药材粉末,加 5～10 倍量 95％乙醇,在 70～80 ℃的水浴上加热提取 50 min 后过滤。进行醋酐-浓硫酸反应、碘化汞钾试剂反应、碘化铋钾试剂反应、碘-碘化钾试剂反应、三氯化铁反应及盐酸-镁粉反应。

2. 老鼠簕水提取液:称取 2 g 老鼠簕药材粉末,加 5～10 倍量蒸馏水,在 70～80 ℃的水浴上加热提取 50 min 后过滤。进行 α-萘酚试验。

(二)显色及鉴别反应[3,4]

1. 甾体、三萜类成分的鉴别反应和醋酐-浓硫酸反应(Liebermann-Burchard 反应):取老鼠簕乙醇提取液,蒸干乙醇,将残渣用醋酐溶解并转移至试管内(保持干燥环境),加浓硫酸 1 滴。若呈紫红色,即表明含有三萜类或三萜皂苷类成分;若显蓝紫色并渐变为蓝绿色,即表明含有甾体或甾体皂苷类成分。

2. 生物碱类成分:

(1)碘化汞钾试剂(Mayer reagent)反应:取老鼠簕乙醇提取液 0.5 mL,加入碘化汞钾试剂 1～2 滴,如有类白色沉淀产生,即表示可能有生物碱。

(2)碘化铋钾试剂(Dragendorff reagent)反应:取老鼠簕乙醇提取液 0.5 mL,加入碘化铋钾试剂1~2滴,如有橘红色沉淀产生,即表示可能有生物碱。

(3)碘-碘化钾试剂(Wagener reagent)反应:取 0.5 mL 老鼠簕乙醇提取液,向其中加入 2 滴碘-碘化钾试剂,如产生棕色沉淀,即表示可能有生物碱。

3. 酚酸类成分:

三氯化铁反应:取老鼠簕乙醇提取液 0.5 mL,样品溶液如为酸性,即可直接滴加三氯化铁试剂进行检测;如为碱性,可加醋酸酸化后再滴加 1 滴三氯化铁试剂。若溶液颜色变成蓝、墨绿或蓝紫色,证明可能含有酚类化合物。(注:酚类化合物在滤纸上单独用三氯化铁显色灵敏度较差,可采用其他试剂)

4. 黄酮类成分:

盐酸-镁粉反应:取老鼠簕乙醇提取液 1 mL,加入镁粉少许,再加入 2~3 滴浓盐酸(必要时水浴加热),如反应液产生的泡沫显红→紫红色,即表示可能有黄酮类化合物。

5. 糖类成分:

α-萘酚反应(Molisch 反应):取老鼠簕水提取液 1 mL,加入 10% α-萘酚乙醇溶液 2~3 滴,摇匀,沿试管壁缓缓加入浓硫酸(0.5~1 mL,勿振摇)。如在两液层的交界处产生紫色或紫红色环,即表示可能含有糖类、多糖或苷类成分。

二、HPLC 对老鼠簕中 2-苯并噁唑啉酮的定性分析

(一)溶液的制备

1. 供试品溶液的制备:称取老鼠簕药材 2.0 g(过 60 目筛)置于具塞锥形瓶中,加入 10~15 倍量的甲醇,摇匀,充分溶解后,称重,超声提取 20 min,冷却,加适量甲醇重复操作 2~3 次,合并滤液,置水浴上蒸干,残渣加甲醇(色谱纯)溶解,定量转移至 5 mL 容量瓶中,冷却,加甲醇(色谱纯)定容至刻度,摇匀。采用 0.45 μm 微孔滤膜过滤,取滤液作为供试品溶液,备用。

2. 对照品溶液的制备:取 2-苯并噁唑啉酮标准品 1 mg,精密称定,置于 10 mL 容量瓶中,用甲醇(色谱纯)溶解并定容至刻度(浓度为 0.1 mg/mL),摇匀,作为对照品溶液。注入高效液相色谱仪之前,需使用 0.45 μm 微孔滤膜过滤后,置于样品瓶中备用。

(二)色谱条件[2]

色谱柱:C_{18} 色谱柱(5 μm,4.6 mm× 250 mm);流动相:乙腈(色谱纯)-超纯水(35:65,V/V),使用前用 0.45 μm 微孔滤膜过滤;流速:1.0 mL/min;检测波长:270 nm;柱温:30 ℃;进样量:10 μL;理论塔板数:按 2-苯并噁唑啉酮峰计算应不低于 3000。在本实验建立的色谱分离条件下,2-苯并噁唑啉酮的保留时间约为 6.5 min。

(三)精密度实验

精密吸取前述制备的 2-苯并噁唑啉酮对照品溶液(0.1 mg/mL)10 μL,在本实验建立的色谱条件下重复测定 5 次,峰面积值的相对标准偏差(RSD)应小于 2.0%,表明仪

器精密性良好。

(四)最低检测限确定

精密量取前述制备的对照品溶液,定量稀释,设置信噪比(S/N)为3∶1,测得2-苯并噁唑啉酮的最低检测限。

(五)样品测定

取前述制备的供试品溶液,同时以甲醇(色谱纯)作为空白对照,分别在本实验建立的色谱条件下进样,洗脱20 min。供试品溶液在保留时间6.5 min时出现了2-苯并噁唑啉酮吸收峰;空白对照在6.5 min时无吸收峰,无干扰。

思考题

1. 为什么要进行海洋天然药物化学成分预试验?
2. 生物碱的鉴别反应有哪些?

参考文献

[1] 李元跃,刘韶松,高苏蕊,等. 红树植物老鼠簕的化学成分和药理活性研究进展[J]. 集美大学学报(自然科学版),2021,26(6):489-500.

[2] 张宏武,丁刚,李榕涛,等. 海南产红树植物老鼠簕中2-苯并噁唑啉酮分离鉴定及含量测定[J]. 中国医药导报,2015,12(5):106-109.

[3] 裴月湖. 天然药物化学实验[M]. 北京:人民卫生出版社,2005.

[4] 张俊清,钟霞,张鹏威. 药学综合及设计性实验教程[M]. 北京:科学出版社,2017.